手嶋龍一
佐藤　優

インテリジェンス 武器なき戦争

GS
幻冬舎新書
012

まえがき

最近、私の周辺が騒々しくなっている。去る（二〇〇六年）一〇月九日の北朝鮮による核実験のせいだ。実験から一週間を経た頃から、各国のインテリジェンス専門家たちが続々と東京にやってくるようになった。彼／彼女らの動静はマスコミでは報じられない。しかし、蛇の道は蛇で、この世界の人々のネットワークは普段は眠っていても、こういうときに甦《よみがえ》る。本文でも強調したが、私は蛇すなわちインテリジェンス専門家ではない。私はインテリジェンスの内在的論理を少しだけ理解することができる外交官だった。しかも現役を離れてから五年近くになり、その内、約一年半（二〇〇二年五月一四日から二〇〇三年一〇月八日までの五一二日間）は、小菅の東京拘置所独房に閉じこめられるという得難い経験をし、犯罪者という烙印《らくいん》を押されている。一般論としてインテリジェンス専門家は慎重だ。特にカウンターパートである組織（日本の場合、外務省もその一つ）と敵対関係にある人物とは接触しない。私と接触したことが外務省にバレた場合、当該情報機関と外務省国際情報統括官組織の協力関係、業界用語でいうところの「コリント（協力諜報）」に支障が生じる。私にアプローチしてくる外国人インテリジェンス専門家たちは「それでもいい」と腹を括《くく》っているのだ。

秘密情報の九八％は公開情報を再整理することによって得られるという。北朝鮮に関して、控えめに見積もって東京で熱心に情報収集活動をすれば、インテリジェンス専門家が必要とする情報の八〇％を入手することができる。ただし、それを行うためには事情に通じた案内人が必要だ。かつて付き合っていた外国人たちが案内人役を私に求めてきたが、「全体の案内人は現役の外務省員がやるべきだ」といって、ていねいに断った。ただし、昔から御縁のある人たちなので、あまり失敬な態度をとることもできない。そこで相手が公開情報にないナマの情報を提供する割合に応じて、公開情報に対する私の分析を率直に語るという取り引きをした。その結果、いくつかのポイントが見えてきた。

1　「核クラブ」（米英仏露中の核保有国）は北朝鮮をクラブメンバーにしないという腹を固めている。

2　インテリジェンス・コミュニティにおいて、北朝鮮が核兵器、弾道ミサイルを手放す可能性はないというのが共通見解になっている。

3 「核クラブ」とイスラエルは、北朝鮮の核・ミサイル技術の第三国への移転阻止を絶対防衛線にしている。その絶対防衛線を維持するために、「核クラブ」は北朝鮮が核保有国となったことを認めないし、また核廃絶を最後まで北朝鮮に要求する。

4 「核クラブ」は北朝鮮との対話路線に踏み切る。そして対話を通じ、外圧を口実に団結している金正日政権中枢部に隙間をつくりだそうとしている。一部主要国のインテリジェンス機関は、この隙間を巧みに衝いて北朝鮮の体制転換を真剣に考えはじめている。

相手との約束があるので、これ以上、具体的な話を読者に披露できないことについてお許し願いたいが、私のような秘密情報へのアクセスがまったくない人間のところにもこの程度の情報が集まってくるのである。どうしてであろうか。その答えは簡単だ。外国の専門家が必要とする情報と知識が私のところにもあるからだ。インテリジェンス能力は当該国家の国力から大きく乖離《かいり》しない。国力を量る上で経済力は大きな要素だ。GDP(国内総生産)世界第二位のわが日本国は、インテリジェンス能力においても世界第二位の潜在力をもっている。ただし、その情報が内閣情報調査室、外務省、警察庁、防衛庁、財務省、公安調査庁、海上保安庁、経済産業省、検察庁、マスコミ、商社、永田町の情報ブローカーなどに分散していて、政府に集約されず、機動的に使われていないのである。この隙間を諸外国のインテリジェンス専門家が歩き回り、日本製の情報で、自国のインテリジェンス機能を強化しているのである。このような状況を是正し、日本のあちこちにころがっている情報を日本の国益のために使いたいという想いを私は強くもっている。

その意味で、外交ジャーナリストとして世界的規模で認知され、また『ウルトラ・ダラー』(新潮社、二〇〇六年)で小説家としても成功した手嶋龍一さんと作成したこの対論本は、これまでに例のない日本語での対外インテリジェンス入門書としての役割を果たすと信じている。現役外交官時代、私と手嶋さんの政界、外務省、ジャーナリズムにおける人脈や利害関係は、あるときは合致し、あるときは対立した。お互いに少し棘《とげ》のある情報戦を仕掛けたこともあったと記憶している。しかし、私は当時から手嶋さんを尊敬していた。なぜなら、手嶋さんは「約束をしたことは必ず守る」「できないことを軽々に約束しない」というインテリジェンスの鉄則を遵守する人だからだ。手嶋さんが作家として成功し、その小説や評論を読む機会に恵まれ、一読者としての私は喜んでいるが、日本の国益を考えるならば、いまのような時期に手嶋さんが外務省国際情報統括官に就任し、本格的な対外インテリジェンス機関の再編に従事したほうが人材の有効活用と思う。もっとも手嶋さんとしてはそのような官僚仕事よりも表現者としての活動を通じて、日本のインテリジェンス能力の底上げを考えておられるのだと私は勝手に推測している。

本書は幻冬舎の志儀保博さん、大島加奈子さんの熱意なくしては生まれなかった。優れた二人の編集者と御縁をつくってくださったことについても手嶋さんに深く感謝する。

二〇〇六年一一月三日（文化の日）

佐藤優

インテリジェンス　武器なき戦争／目次

序章

インテリジェンス・オフィサーの誕生

インテリジェンスは獣道《けものみち》にあり

手嶋　モスクワにラスプーチンあり――。もう、ずいぶんと前から、寒い国の怪僧の存在は耳にしていました。僕も外交ジャーナリストの端くれですからね。情報《インテリジェンス》を追いかけていく仕事は、あたかも獣道を分け入っていくのに似ている。お互いにずいぶんと奇妙な局面で遭遇しましたね。とはいえ、現場で出会ったというわけではない。当時、僕はワシントンから、佐藤さんはモスクワから、獣道に分け入って、インテリジェンスという名のヤマにいた。すると、思いもかけない場面で出っくわすことがあった。なにしろ獣道だから暗くて先が見えないのですが、手探りでその暗闇を進んでいくと、何かが頬にちょっと触れたように感じる。少し眼が慣れてきてふと顔をあげると、そこにラスプーチンの、あの大きな眼が山猫のように光っている。こんなところにまで――と、思わずぞっとしました。いくら仕事が何よりラスプーチンの趣味とはいえ、いささか危険地帯に踏み込みすぎです。それでは身が持たない（笑）。

佐藤　私のほうも、何回か手嶋さんの歌舞伎役者のような流し目を見たような気がします。テルアヴィヴから成田に帰ってきたときなどに、どういうわけか背筋に手嶋さんの視線を感じることがありましたから。

手嶋　しばしば「外交は武器を使わない戦争」といわれます。国際舞台の背後では、さまざまな情報戦が繰り広げられている。「インテリジェンス」とは、そうした戦いに不可欠な武器なのです。情報《インテリジェンス》は、国家の命運を担う政治指導者が舵《かじ》を定めるための羅針盤である——ひとまず、こう定義しておきましょう。いいですか。

佐藤　まったく異存がありません。国際スタンダードの定義だと思います。

手嶋　八〇年代には、クレムリンの奥深くで、政権の交代劇が何度も繰り返されました。そのときの、日本外交のインテリジェンス活動には、眼をみはるようなものがありました。日本の対ロシア情報収集史のなかでも、特筆すべきスクープの連続だったといっていい。

佐藤　あの頃もそうでしたが、ソ連崩壊後の新生ロシアになってからのほうがいろいろなことがありました。他の国はエリツィンを何回も殺しちゃったりしていましたからね(笑)。「もう死んだ」という話をよく耳にしました。しかし、われわれ日本だけは確信を持って「いや生きている」と言っていました。

では、なぜそういう違いが出てくるのか。これはいまや公然の秘密ですが、要人の電話を盗聴すること自体は、もはやそんなに技術的には難しくないんです。東京を含めた世界中のありとあらゆる都市で、ほとんどの要人の電話は盗聴されていると考えたほうがいい。例外はワシントンだけでしょう。あそこの電話を盗聴していると、すぐに逆探知されてしまうので、たいへん厄介なことになります。

手嶋　その通り。ワシントンでは控えたほうが賢明です。

佐藤　ともあれ、各国とも盗聴技術には大差ないわけで、問題は盗聴したものをどう評価するかということです。たとえば電話口で娘が「お父さんが大変なことになっちゃったの！」と言っている場合、それは「お父さんが死んだ」という意味かもしれないし、「ウオッカを飲んで大暴れして泣きだした」という意味かもしれません。それ以外にも、いくつかの可能性が考えられるでしょう。そこをどう分析するかで、各国の情報に差が出てくる。だからこそ、われわれが扱う「情報」は「インフォメーション」ではなく「インテリジェンス」なんです。

情報のプロは「知っていた」と言わない

手嶋　その違いは重大です。インテリジェンスをめぐる基本なのです。精査し、裏を取り、周到な分析を加えた情報。それがインテリジェンスです。ちょっと聞きかじっただけの素材は、インテリジェンスには昇華されていない。いささか突飛な例なのですが、かつて田中角栄の疑惑が持ち上がったとき、当時の政治部記者たちは揃《そろ》って「あんなことくらい全部知っていた」と言いました。たまたま立花隆さんが書いただけだというわけです。いまでもそう思い込んでいる古手の政治記者たちがいる。しかし、噂を耳にしていることと、それを記事に書いて一面トップで報じることとのあいだには、万里の隔たりがある。上っ面の事実を知っているだけでは、単なるインフォメーションにすぎない。そんなものはインパクトを少しも持たない。情報としての生命力は宿っていないのです。

よく、日本の商社の方々は、外務省の情報収集能力を批判して、商社の情報力を自慢します。確かに商社のもとには、夥《おびただ》しい量の情報が蓄積されています。が、それは熟成したインテリジェンスとはいえない。インフォメーション、つまり情報の素材にすぎない。大きな国際事件が起きると、商社マンは「こうなることを示す情報をすでに持っていた」と言います。それは後講釈というものです。大きな地震が起きた後に、微動地震の記録用紙を取り出して、「ここに地震の予兆があった」と釈明する予知学者に似ています。なにしろ巨額の国家予算を使っていますから言い訳をせざるを得ない。事前に決定的な情報を分析し、国家の舵取りに役立つような形で報告されなければ、インテリジェンスとしての価値はありません。ところが彼らは、自分の会社のトップにさえ報告していないケースがある。見通しが外れるリスクがあったからなのです。

佐藤　さらにいえばそんな後講釈は、自分自身のビジネスにさえ役立たない。インテリジェンスを本当にビジネスに生かしている人間は、「こうなることはだいたい読めていた」なんて絶対に言いません。「知っていた」ではなく、必ず「教えてください」と言うんです。

私はロシアの仕事をしていたとき、日商岩井と三井物産を非常に重視していました。この二つの商社には、それぞれ基本哲学があります。日商岩井は、ソ連崩壊後のロシアについて絶対に民主主義国家にはならないと考えているから、価値観の共有は最初から求めない。ただ、思想的には距離があっても、地理的には日本と近いから、そのメリットを生かしてサハリンや北方領土の案件を手がけるという発想です。だから極東の情報を徹底的に集める。

一方の三井物産は、バイカル湖以東に七〇〇万人しか住んでない極東地域に大きなビジネスはないというのが基本的な考えです、クレムリンがそこに関心を持てば別。全《すべ》てはクレムリンとの関係で決められています。サハリンは「地理的に近いから」ではなく、「クレムリンがエネルギー戦略として関心を持つから」ビジネスになると考えるわけです。だから彼らはクレムリンの情報を徹底的に集める。そうやってお互いにライバル意識を持って、別の角度からロシアの情報にアプローチしながら、どちらもそれなりに完成した絵を描いてるんです。

他にもロシアでビジネスをしている商社はたくさんありますが、私のところに頻繁に足を運んで「教えてください」と言ってくるのは、日商岩井と三井物産の人たちでした。それで教えてあげると、「われわれの知識は不十分でした。とても勉強になりました」と言う。他の商社の連中は、みんな「実は知っていました」です。より高い業績を挙げていたのが前者であることは言うまでもありません。

インテリジェンスの世界も同じようなもの。戦前、ドイツの新聞記者の肩書きで日本に潜入したソヴィエトのスパイ、あのリヒャルト・ゾルゲが手記にこんなことを書いています。日本人から情報を取るには、「あれ、あなた知らないんですか？」と言うのが一番い い。日本のエリートは知らないことが恥ずかしいと思っているから、調べてでも教えてくれるというんです。「実は知っていた」というのも、そういう心理が働いているのでしょう。しかしこの世界で、何かあったときに「実は俺は知っていた」という台詞《せりふ》を口にする人間は、専門家のあいだでは「変な人ですね」と言われておしまいです。

なぜ「外務省のラスプーチン」と呼ばれたか

手嶋　ロシアからエリツィン大統領がまもなくチェルノムイルジン首相を更迭する、という機密情報が西側世界に染み出してきた。一九九八年のことでした。その時点で、この情報《インテリジェンス》を握っていたのは、当の大統領自身を含めて三、四人といわれます。日本政府は、その極秘情報をイスラエル経由で入手しました。アメリカもイギリスも、並み居る情報大国はまったく知らなかった。西側主要国の情報関係者が受けた衝撃は大きかった。僕はワシントンでそのインパクトがいかに凄まじかったかを目の当たりにしています。こうしたインテリジェンスをくわえてくることができるのはあのラスプーチンをおいてほかにないと見立てたのです。探りを入れてみると、やはりあの佐藤優という、いや、ラスプーチンという日本の外交官の仕業だった。かつてフルシチョフの秘密報告が、西側世界にもれて、スターリン独裁の素顔があばかれました。国際共産主義運動にも衝撃を与えた初めてのスターリン批判でした。一九五六年のことです。このスピーチの全容はイスラエルコネクションを経由して「ニューヨーク・タイムズ」にスクープされました。ラスプーチン・スクープは、この系譜に属する一級のインテリジェンスといっていい。ですから、佐藤さんを日本が生んだ第一級のインテリジェンス・オフィサーだといっているのです。日本外交が、そういう人物を外交の第一線から遠ざけてしまったのが残念でなりません。

佐藤 いや、私は自分のことをプロパーのインテリジェンス・オフィサーだとは思っていません。強いていうなら、「インテリジェンスについてある程度の知識を持っている外交官」でしょう。本物のインテリジェンス・オフィサーは、こんなふうに表の世界に出てきたりしませんし、そもそも専門の対外情報機関という「器」がないところでは、本当のインテリジェンス活動などできません。

今になってようやくわかったのです。日本の外務省は、インテリジェンスを行う組織ではなかった。私は外務省にインテリジェンスをやる組織があると思っていましたが、これは大いなる幻想でした。二〇〇二年に鈴木宗男バッシングと絡んで、私と私が責任者だったインテリジェンス・チームが解体されていく過程を目の当たりにして、日本の外務省には国際スタンダードでのインテリジェンスを支える基礎となる文化がないことが判明したんです。

手嶋 その事件については後ほど詳しく取り上げましょう。一連の騒動の中で、佐藤さんには「外務省のラスプーチン」という異名がつけられます。当時、外務省に対して圧倒的な影響力を誇っていた鈴木宗男さんに取り入り、その権力者を裏から操ることによって、日本外交全体を牛耳っていた——まさに怪僧、ラスプーチンというわけです。壮大なスケールのニックネームではありませんか。

佐藤 いや、それは後知恵による解釈です。実は、私のことをラスプーチンと命名したのは鈴木宗男さんなんです。事実、鈴木さんは私が逮捕される直前に、「俺がラスプーチンなんてアダ名をつけちゃったせいで迷惑かけたなあ」と言っていました。鈴木さんはロシアの歴史をよく知っています。そして、そのロシアで、ラスプーチンは必ずしも悪いイメージの人物ではありません。カリスマ宗教者だったラスプーチンは、硬直した官僚制度のもとで真実が伝わらないロシアの現状を憂えていた。そして、時の皇帝に「民衆は戦争反対です。帝政に対する不満が高まっています」と世論の実態を伝えたんです。怪僧ラスプーチンには、そんな民主主義者としてのイメージもあります。その話を聞いた鈴木さんが、「あんたはクレムリンの奥深くまで入って、すごい人脈を持っている。まるで怪僧ラスプーチンみたいだな」と言いだしたんです。

手嶋 なるほど。「佐藤優＝ラスプーチン」説には二通りの解釈があるわけですね。いずれにしろ、日本のラスプーチンはクレムリンに深い人脈を持ち、米ＣＩＡや英ＳＩＳでさえ摑《つか》めなかった重要機密をスクープするほど、クレムリンの奥深くまで入り込んだ。そんな人物がインテリジェンス・オフィサーではないのなら、この日本にはインテリジェンス関係者など一人もいないことになってしまう。

インテリジェンスというゲームの基本ルール

佐藤　そうおっしゃる手嶋さんご自身はどうなんですか。私は現場で仕事をしていた当時から、手嶋さんのことを、優れたジャーナリストであるだけではなく、インテリジェンスというゲームの、無視できない「プレーヤー」の一人だと認識していましたよ。外務省内の派閥的なめぐり合わせや、おつき合いしていた政治家の流れもあったので、手嶋さんとはときに重なる部分もあったし、ときに対立することもありましたけど。

手嶋　ここはわたくしも、「自分はインテリジェンスに関する知識を少しだけ持ったジャーナリストにすぎません」と、ラスプーチン風にお答えしておきますよ（笑）。インテリジェンス・オフィサーは、国家からお金をもらい、国家のために極秘の情報を集めます。しかし僕らジャーナリストは、あまねく一般からお賽銭《さいせん》を頂戴して、その情報をみなさんに還元するのが仕事です。僕はどちらかというとタメのあるジャーナリストです。知り得た情報を鵜飼《うか》いの鵜みたいにすぐに吐き出したりはしない。その意味では、所属していた巨大組織に忠誠心が乏しかったといえるかもしれません（笑）。しかし、みなさんから受信料というお賽銭をいただいた分は、長期的にはしっかりと還元しています。NHK時代に、ハーヴァード大学から招聘《しょうへい》されたことがあります。この間は、取材の現場を離れていたのですが、現代史の泰斗、アーネスト・メイ教授からの勧めもあって、キューバ危機の際、閣議の模様を録音していたテープの機密解除に関わりました。その成果は後に、長編のドキュメンタリー『決定の瞬間』を制作したことで実を結んでいます。長い眼で見れば、私の情報還元率は、そんなに悪くないと申しあげていい。

佐藤　たしかに、ジャーナリストとインテリジェンス・オフィサーには違いがあるでしょう。しかし共通点もある。手嶋さんの『ウルトラ・ダラー』（新潮社）を拝読し、さらに個人的にも以前より親しくおつき合いするようになってすぐにわかったのは、「この人は本当のプロだ」ということです。なぜなら、まず第一に約束を絶対に守る。そして、できない約束はしない。また、必要のないこと、つまりこれ以上は踏み込んで知らないほうがいいことについては、あえて聞かない。それがインテリジェンスというゲームの基本ルールであり、この世界の文化なんです。私自身、それを積み重ねていたら、いつの間にか獣道みたいなところを通ってクレムリンに辿《たど》り着き、エリツィン大統領の隣の部屋で座っていた。

手嶋　探究心、畏《おそ》るべし。好奇心、侮るべからず。

佐藤　まあ、もっとも大事なのは好奇心ですね。簡単に言ってしまえば、私は権力の中枢に近づいて真実を知ることが面白かったんです。好奇心に従って、誰も知らない本当のことを知りたいと思った。それからモスクワにいる日本人ジャーナリスト連中には負けたくないし、ロシア人エリートがクレムリンについてあれこれ言う以上のことが知りたい。

手嶋　なるほど。そこにはジャーナリスト魂が脈打っている。

佐藤　そうでしょう？　『ウルトラ・ダラー』は日本人が書いたインテリジェンス小説の中では最高の作品だと思いますが、それを書くことができたのは、手嶋さんがこの世界の文化を熟知されているからですよ。「嘘のような本当」と「本当のような嘘」の混ぜ方が非常にうまい。みんなが「嘘だな」と思うような部分はたぶん本当の話で、みんなに「これはありうるだろうな」と思わせるような部分は、おそらく嘘でしょう。

手嶋　佐藤さんには言うまでもないことでしょうが、嘘のような真実と真実のような嘘がちりばめてあるのは、ニュースソースの秘匿のためです。インテリジェンスの獣道《けものみち》に分け入って書くときには、ニュースソースをいかに秘匿するかというのが筆者の腕の見せどころですからね。そこの手並みで、書き手がインテリジェンスのプロなのか、それとも単なるサラリーマンなのか、分かれるのです。

「嘘のような本当」と「本当のような嘘」

佐藤　たとえば『ウルトラ・ダラー』にモスクワの北朝鮮大使館を舞台にした場面がありますが、あの周辺にはソ連時代の友好国の大使館が集まっていて、かつては個人の家など建てさせませんでした。そこが今ではすごい一等地に生まれ変わって、北朝鮮大使館の裏にもニューリッチの別荘や高層アパートが建っている。作品に登場する「アパート」も、実在のものですよね。舞台となる「43階」も、おそらく手嶋さんのお友だちか誰かがそこに住んでいて、実際に行かれたことがあるんだと思います。

そこから北朝鮮大使館を見ると、大使館員の住宅棟が見える。小説では、アパートから覗《のぞ》き込んで大使館の様子を窺《うかが》うという設定になっていますが、多くの人はこの部分を読んで、なぜカーテンを引いていないのかと疑問を抱き、「ここは嘘だな」と思うんです。ところが、実はロシア人には不思議な習慣がある。カーテンを引くのはアパートの三階ぐらいまでで、それより上の階に住む人たちはカーテンをつけないんです。これが彼らの文化です。だから北朝鮮の人間も、ロシアで高層住宅の上層部に住むようになると窓にカーテンをつけない。つけたとしてもレースのもの。だから外から室内での行動が完全に見えるんです。そして当然、北朝鮮側も外から見られていることがわかっていて、建物の中で演技をしている。手嶋さんはそのあたりのことも踏まえて、あのシーンを書いているわけです。

手嶋　あのシチュエーションは、もちろん現場を踏んで書いています。しかしニュースソースが割れないよう、二重底、三重底の仕掛けを施してあるんです。

佐藤　また、北朝鮮の偽ドルとウクライナのミサイルに関する情報は、かなり信憑性《しんぴょうせい》が高いと思います。そこで、あえて私の勝手な推測を言わせていただくと、この情報を集めたインテリジェンス集団が手嶋さんの近くにある。それが国家なのか、あるいはもっと大きな国際的組織なのかはわかりません。いずれにせよ、手嶋さんがこの小説を書いた動機の一つは、そこからの働きかけではないかと私は睨《にら》んでいるんです。

おそらくその国家もしくは組織は、日本がこの小説で描かれているような問題に対してあまりにも鈍感であることに業を煮やしていた。インテリジェンスがないために、とんでもない素人《しろうと》外交で日朝関係をかき混ぜ、国際情勢に悪影響を与えていることに何らかの危機感を抱いていたのでしょう。

そこで「どうにかして日本人にインテリジェンスの現実を気づかせたい」と思い、手嶋さんに目をつけた。手嶋さんなら、提供した情報をいったん自分で咀嚼《そしゃく》して、別の形に組み立て直して書くはずですからね。そうなれば情報源の秘匿もできるし、作品の説得力が違ってくる。そこまで考えて手嶋さんに接触を図った人がいるんじゃないかな、という感じがします。ただし手嶋さんは、内容をどう辿っていっても本当の情報源には行き当たらないように、われわれのような人間がギリギリまで肉迫してもスッとかわせる仕掛けを用意していますが。

手嶋　あまりにも機微に触れる癖球で、何ともコメントのしようがありません。が、そのように睨んだ佐藤優というインテリジェンス・オフィサーは、さすがとだけ言っておきましょう。このように危険な対談はこれいちどで打ち止めにしたく思います。いくら僕でも、身が持ちません。ちょっとした表現ぶりを捉《とら》えて、さまざまな考察を加え、核心にひたひたと迫ってくる――。迫られる書き手はもうたまりません。

インテリジェンスの共通文化

佐藤　ニュースソースの秘匿や守秘義務など、インテリジェンスの世界を描く人間にはさまざまな制約があります。その制約を乗り越えるためには、おそらく「ノンフィクション的な小説」と「小説的なノンフィクション」という二つのアプローチがあるのではないでしょうか。そして手嶋さんは、前者の手法で『ウルトラ・ダラー』をお書きになった。一方の私は『自壊する帝国』（新潮社）で後者のアプローチを取りました。

手嶋　情報源の秘匿に、エッセンスのすべてがあるのです。眼くらましの手には、たしかに、二つの道がある。しかし、この二つの方法論は意外に近い地平にある。そして双方が交錯するところに、インテリジェンスの実像が浮かびあがってくる。そういう意味でも、『自壊する帝国』は味わい深い作品でした。実をいうと、読んでいて愕然としてしまったんです。僕はこれまで「自分はラスプーチンとは全然似てない」と言い募ってきたのです。しかしながら、この本を読んで、不気味なほど共通点が多いことに気づきました。たとえば、佐藤さんは外務省、僕は公共放送と、お互い巨大組織にいた。しかも、その組織にあって、僕は明らかにマイノリティでした。佐藤さんも、決してマジョリティじゃない。

佐藤　それは誰が見ても明白です。マイノリティの中のマイノリティですよ。

手嶋　佐藤さんは大学で神学という、特異な学問を勉強されました。実は、僕には師匠と呼べるような存在がいないのですが、あえて挙げれば、ハーヴァード大学のブライアン・ヘア教授です。カトリックの聖職者で神学の教授にして国際政治学者です。第二次冷戦の頂点で、カトリック教会が来たるべき核戦争に、倫理的にも政治的にもどう対応すべきか、というヴァチカンの見解の筆を執ったのが、「黒衣の国際政治学者」といわれたこの人です。僕は一九九〇年代の半ばにハーヴァード大学にフェローとして招聘され、指導を受けました。

佐藤　そうでしたか。私は本にも書いたとおり、ヨセフ・フロマートカというチェコの神学者のことを研究していたのがきっかけで、外交の道に入りました。

手嶋　もう一つだけ共通点を挙げると、本の中にサーシャという興味深い人物が出てきますね。

佐藤　モスクワ大学で知り合った、ラトヴィア出身の学生です。

手嶋　このサーシャとの出会いが、インテリジェンス・オフィサー佐藤優を生むきっかけになった。僕の場合、一応「スティーブン」といっておきますが、東京での彼との出会いがその後の出来事の重要な伏線となりました。彼に頼まれて、イギリス外交を手助けしたことがあったんです。大使をはじめ主要な人々はみな東アジア外交や安全保障のプロフェッショナルでした。

その一方で彼らは、イギリス産ウイスキーの関税障壁を低くする問題にも取り組まなければならず、ずいぶんと苦労していました。そこで政府の税制調査会を攻略するオペレーションに一肌脱いだというわけです。当時、「税調の暴れ馬」といわれた起草委員の一人と親しくしていたものですから、答申のちょっとした表現ぶりに手心を加えてもらいました。これは、その後の関税引き下げに突破口を開くものとなりました。イギリス政府にとって長年の懸案だった政治工作に向けた無視できない布石になったのです。大使が非常に感謝して、「あの男にはいつの日か借りを必ず返す」と言っていたと、「スティーブン」から聞きました。もっとも僕は、そんなことはすぐに忘れてしまいましたが。

その後、私は突然ワシントンに赴任することになりました。覚悟はしていたのですが、最初の頃はまったく手も足も出ませんでした。そんなある日、佐藤さんのサーシャにあたるような人物から、突然電話がありました。アクセントは明らかにブリティッシュ。会ってみたのですが、向こうは誰から頼まれたなどと、野暮なことはひとことも言いません。私は、「ああそうか」と膝を打ちました。それは情報の金鉱脈でした。ひとたび地下水脈に入っていくと、人も情報もめくるめくような、といっていいほど豊饒《ほうじょう》でした。むろんジャーナリストと外交官は違うのでしょうが、『自壊する帝国』を読んで、ああ同じだと感じ入りました。「やっぱりラスプーチンにもこんな決定的な出会いがあったのか」と。

佐藤　不思議なもので、インテリジェンスに関わる人間の核というのは、基本的に似ています。インテリジェンスは各国ごとに別々の文化があるのと同時に、インテリジェンス業界全体に共通の文化というものがあるんです。

十重、二十重、R・ゾルゲの素顔

手嶋　ソ連邦が崩壊していくプロセスを追った『自壊する帝国』を読んでいると、ロシア人たちから「ミーシャ」という愛称で呼ばれていた佐藤さんが、共産党官僚や学者、ジャーナリスト、宗教関係者、反体制的な活動家など、さまざまな人々のネットワークにスーッと溶け込んでいく様子が眼に浮かびます。

そういうミーシャの姿には、かつて東京を舞台に活躍した伝説のインテリジェンス・オフィサー、リヒャルト・ゾルゲを彷彿《ほうふつ》させるものがありました。情報を追う猟犬の姿が似ているだけではない。ミーシャこと佐藤さんは、あのゾルゲと同じように、自分の陣営が抱える矛盾や軋轢《あつれき》とも戦わなければならなかった。僕も官僚組織がどうにも性に合わないのでよくわかるのですが、その姿は実に痛ましい気がしました。

佐藤　私や手嶋さんを含めて、どこか捉えどころのない存在であることは間違いないでしょうね。

手嶋　ただゾルゲと佐藤ラスプーチンを較《くら》べてみると、ゾルゲのほうがより多くのハンディを抱えていた。こう指摘するのは、かつてワシントンに永く在勤したある公共放送の特派員です（笑）。当時、ゾルゲはクレムリンや赤軍の中枢部から何一つ情報をもらっていない。一方の佐藤ラスプーチンは、もちろん自分でも足で歩いてこれはという情報を仕込んではいるのですが、その一方で世界第二位の経済大国に流れ込んでくる膨大な情報をつくり手に入れている。鈴木宗男という情報《インテリジェンス》の吸引箱を持っていたからです。だからゾルゲよりもずっと恵まれていた。こうした批判に、さあ、どう答えますか。

佐藤　その比較をなさった方は、リヒャルト・ゾルゲの実像を深くご存知ないのかもしれませんね（笑）。たしかにゾルゲは、赤軍本部からは情報をもらっていません。しかし実は、あるところに蓄積されていた大量の秘密情報にアクセスできた。だから、私が現役の外交官だった頃と同じくらい、情報には恵まれていたんです。

手嶋　あるところというのは、ナチス・ドイツですね。

佐藤　その通り。ベルリンから東京のドイツ大使館に届いた秘密情報です。インテリジェンスの世界でリヒャルト・ゾルゲをどこのスパイと見るかというと、ソ連とドイツの二重スパイということになる。しかし、さらに国際スタンダードに照らして冷静に見た場合、そのプライオリティは明らかにドイツにあるんです。それはなぜか。インテリジェンスの世界というのは、二つの要素でできています。第一に、誰が指令を出して、誰に報告するか。第二に、誰がお金を払うかということです。ゾルゲの場合、指令を出していたのは駐日ドイツ大使館のオイゲン・オットー大使でした。ゾルゲはそれに一〇〇パーセント応えていた。そして、ドイツ大使館からお金も受け取っている。

手嶋　ゾルゲの奥さんは確かドイツ系でしたよね。

佐藤　ゾルゲがモスクワに残した奥さんはロシア人ですが、彼には他にも何人か「奥さん」がいました。情報を統括する赤軍本部第四局は常にゾルゲたちに指令を出していたのですが、途中でソ連からの資金が止まってしまう。そうなると、ゾルゲのスパイグループで通信を担当していたドイツ人技師、マックス・クラウゼンの仕事ぶりが、かなりいい加減になってくる。お金が止まった瞬間に、スパイとしての関係は終わりなんです。ですから私は、ゾルゲというスパイにとって、メインはあくまでもドイツであり、ソ連のほうはアルバイトみたいなものだったと見ています。

ちなみに、ゾルゲ事件がもたらした最大の効果は、日独離反でした。結果から見るならば、これはイギリスの利益に適《かな》っていた。ドイツの戦闘機メッサーシュミットや日本の大型潜水艦など、お互いの軍事技術を共有するために両国が本格的に提携するようになるのは、昭和一八（一九四三）年になってからです。

手嶋　最新兵器だったV2ロケットや、当時ドイツが研究していた核開発の技術に関する情報も、日本にはついに入ってこなかったですね。

佐藤　ええ。日本も持っているデータを出せばよかったんですが、結局、戦前も戦中も日本のカウンター・インテリジェンスは、ドイツを友好国と見なしていないんです。在東京のドイツ大使館員はもちろん、ドイツの特派員たちも監視されていた。タス通信のソ連人記者のほうが、よほど自由に動けるくらいでした。

そんな中で、ゾルゲには資金だけではなく、ソースとなるような情報も十二分にドイツ大使館から与えられていた。もし、彼が自前のネットワークだけに頼っていたら、あれだけの活動はできなかったでしょうね。それでは、日本側は何のためにゾルゲと接触していたかというと、これはゾルゲの手記にも出てくるのですが、彼を通じてドイツの情報が欲しかったんですね。要するに、当時の日本とドイツはお互いに疑心暗鬼だったというわけです。日独の同盟関係があるにもかかわらず、ドイツのきちんとした情報が入っていない。だからドイツに関する情報を教えれば日本についてのよい情報が取れたと、ゾルゲは書いています。その意味でいうと、ドイツは踏んだり蹴ったりなんですよ。金を払った上に、ドイツの情報が日本にもソ連にも抜けていたわけですから。

死刑と引き換えに愛する女たちを救ったゾルゲ

手嶋　それに加えて、オットー大使は妻のイレルまでゾルゲに貸してくれた。

佐藤　でも、ゾルゲが奥さんとの関係を告白したとき、オットー大使は感謝していたそうですよ。夫婦関係が冷え込んでいたオットーさんにとっては、妻がセックス・ヒステリーを起こさないように世話をしてくれるゾルゲの存在はありがたかった。

手嶋　それにしても、ゾルゲほど女性にもてた男は珍しい。匹敵する外国人は戦時中のフランス人特派員ロベール・ギランくらいでしょうか。情報を扱う一級の人物で女性に人気のない人を僕は知らない。現にわが『ウルトラ・ダラー』の主人公スティーブンも魅力あふれる人柄です。だからラスプーチンもさぞかし人気者だと拝察しています。

佐藤 私は情報を扱う一級の人物ではないので女性からの人気はありませんでした。いずれにせよ愛した女性たちを最後まで守ったのがゾルゲの格好いいところであり、これはなかなか真似できることではない、とお答えしておきましょうか（笑）。ゾルゲは「女は情報活動に向かない」とか「とくに日本の女は頭が悪い」とか「アグネス・スメドレーは女としての魅力がない」などとひどいことを手記に書いているんですが、これは大嘘なんです。自分の愛した女たちを守るための、ゾルゲ最後の戦いだった。事実、日本での奥さんだった石井花子は取り調べを一切受けていないんですよ。そこは日本の特高警察の連中もゾルゲとの約束を守っているんです。

手嶋 まさに検察とギリギリのところで渡り合い、国家機密を守るために悪魔の取引までやったラスプーチンの発言だけに、凄みがありますね。

佐藤 そうです。私自身に悪魔的なる性格があることは間違いありません。それに私の場合はもともとインテリジェンスの仕事で物事をひねくれた目で見る習慣があるわけですが、そこに自分が捕まったときの体験を加味すると、ゾルゲの手記がまったく別のものに見えてきます。アメリカ人の愛人のスメドレーは病気で死んでいますが、もしゾルゲが本当の関係を明かしていたら、憲兵に拘束されるか、あるいは暗殺されていたでしょう。石井花子も、確実に獄死していたはずです。だから、手記の中で協力者のスメドレーを非難している部分、あるいは日本の女性をバカにしている部分というのは、目的合理性に基づいたものなんです。検察もそれをわかっている。だからゾルゲが提出したのは手記であって、上申書ではないんです。上申書は、そこに積極的な嘘はないという前提のもとに受け入れるものだから、スモーク（擬装）された部分があるとわかっているものは受け取れない。だから単なる手記という扱いになっています。ゾルゲと共にスパイ容疑で逮捕された元朝日新聞記者、尾崎秀実《ほつみ》のほうは上申書でしたが。

手嶋　尾崎秀実の弁護人は、竹内金太郎という刑事弁護一筋の高名な人物です。この金太郎先生の一族をよく存じ上げているのですが、破天荒な、明朗な人材を数多く輩出していますす。金太郎先生の漢文崩しの文体は、希代の文章家、丸谷才一先生が激賞しておられます。阿部定《さだ》事件の弁護人も引き受けて、裁判官に向かって「あなた方は世間というものを知らない。だから首を絞めるということの意味がわからないのだろうが――」と説教したような弁護士だった。阿部定は出獄すると、余生は金太郎先生にささげたいと、本郷の竹内邸に身を寄せたほどでした。明治の日本が生んだ傑物です。ゾルゲ事件の裁判をめぐって、そういう人たちが阿吽《あうん》の呼吸で、歌舞伎芝居を繰り広げていたわけです。

佐藤　一方、ゾルゲの弁護人は非常にお粗末だった。この種の事件は上告期日が短くて、一審が終わってからすぐに大審院に上告趣意書を出さなければいけないのに、国防保安法や治安維持法に関する勉強が不足していたためそれに気づかなかった。だから一日遅れで上告趣意書が受理されず、刑が確定してしまいました。

手嶋　受理されて上告審が行われていれば、処刑されずに昭和二〇年八月一五日を迎えていたかもしれませんね。

佐藤　ええ。死刑というのはゲンを担ぎますから、たとえばいわゆるA級戦犯の死刑は当時の皇太子の誕生日（現・天皇誕生日）、一二月二三日に行われています。ロシア人を処刑するなら、革命記念日が一番ゲンがいいんですよ。だからゾルゲも昭和一九年の一一月七日に処刑された。審理があの年の革命記念日を超えて続いていれば、少なくとも翌年の一一月七日までは生きていたはずです。

手嶋　マックス・クラウゼンは終戦後に連合軍によって釈放されて、東ドイツに戻りましたからね。一方のゾルゲは、一九六四年に勲章を与えられるまで、ソ連のインテリジェンスの歴史から抹消されていた。

佐藤　そこで功績が認められたわけですが、しかしゾルゲはスパイとしては中の上ぐらいですよ。本当のスーパースターではない。ゾルゲ級のインテリジェンス・オフィサーは、かつての日本にも山ほどいました。

ただ、ゾルゲをある程度まで使いこなしたオットー大使は、ある意味で非常に優れた軍事インテリジェンス・オフィサーだったと私は思っています。いくら夫婦関係が冷めていたとはいえ、自分の奥さんとセックスしている男に全幅の信頼をおいて情報活動を委《ゆだ》ねるというのは、なかなかできることじゃない。ゾルゲの使い方、二・二六事件の分析をはじめとする当時のドイツ大使館の考え方などを見てみると、そんなにお粗末な人間ではなかったのではないかという印象を受けるんです。

インテリジェンス・オフィサーの資質が国の存亡を左右する

手嶋　オットー大使への高い評価。これはわが国ではまったくの少数意見です。ラスプーチンの面目躍如という感じがします。おそらく、彼がお粗末な人物だと思われがちなのは、大島浩駐独大使と並び称せられているからでしょう。

佐藤　そうかもしれません。これは余談になりますが。

手嶋　いや、あなたの話は、余談に思わぬ跳躍力があって、たまらなく面白い。思う存分どうぞ。

佐藤　以前、吉野文六さん（元西独大使）から大島大使の話を聞いたことがあるんです。吉野さんは一九四一年にベルリンに赴任して、大島さんの下で仕事をしていました。その大島さんが、一九四五年になっていよいよ情勢が厳しくなってきたときに、「危なくなってきたので、われわれ大使館は南に下がる。しかし君は決死隊としてここに残れ」と命じたそうです。それで吉野さんを含めた一二人がベルリンに残った。その後、二回ほど大島大使のところに呼ばれて行ったのですが、その用件というのが、「大使館の酒保に酒とつまみがあるだろう。こっちには何もないから持ってこい」というものだったそうです。米軍の戦闘機が機銃掃射を浴びせてくる中で、なるべく橋の下を選んで車を走らせながら、吉野さんは酒を運んだとおっしゃってました。

手嶋　そこで吉野さんが命を落とされていたら、例の沖縄密約について証言する外交官はいまだに現れていなかったかもしれません。一九七二年の沖縄返還の際、原状回復の費用四〇〇万ドルを日本が肩代わりするという密約があったことを日本の外務省は否定した。が、吉野さんは認める証言をした。

佐藤　ナチス・ドイツのお膝元で、嘘をつく国家が内側から崩壊していく様子をまざまざと見ていた方ですから、沖縄密約の件もずっと心に引っかかっていたのでしょう。もちろん、外務省アメリカ局長を務めていた当時は国益のために嘘をつく必要があったわけですが、あれから三〇年経《た》った今は、国民に真実を明らかにしなければいけない。それをやろうとしない日本外交のあり方に警鐘を鳴らしたかったんだろうと思います。だから、人生の最後になって、あえて外務省と正面衝突する道を選んだのでしょう。

手嶋　そういう日本外交の抱える病根については、後ほどまたじっくり話すことにします。ここで重要なのは、インテリジェンスに関わる人間の資質の問題です。公のことがらに関わる官僚に人を得ていなければ、国家はその舵取りを大きく誤る危険がある。

佐藤　だからこそ、日本という国家を立て直すには日本のインテリジェンスを立て直すことが求められる。そのためには何が必要なのかということを、これから手嶋さんと二人でじっくりと話し合っていきたいと思います。

第一章 インテリジェンス大国の条件

イスラエルにおける佐藤ラスプーチン

手嶋　八〇年代から九〇年代にかけて対ロシアのインテリジェンス活動では、日本は、ときにみるべき成果を挙げたことはありました。しかしながら全体を通してみると、英米などの諸外国と較べてやはり見劣りする。それだけに、佐藤さんほどスケールの大きな仕事ができる人材を抱え込む度量が国家にないというのは何とも情けない。戦後の日本は、明治期に較べて国家として器量が小さくなったといわざるをえません。

佐藤　いや、私は現時点でも日本のインテリジェンス能力はそれほど低くないと思っています。インテリジェンスの能力は、国力からそれほど乖離《かいり》しないものです。したがってGDPが世界第二位ならば、それに即したインテリジェンス能力を日本は持っているはず。しかし、それが結晶化していないのです。

手嶋　「世界第二の経済大国は、潜在的には世界第二のインテリジェンス大国たりうる」。僕はこれを「ラスプーチンのテーゼ」と呼んでいます。眠っているポテンシャルを十分に引き出していない。その背景には、外務省のひ弱な体質がある。佐藤さんは二〇〇二年五月に背任容疑で東京地検特捜部に逮捕されました。この一件にもいまの病根が端的に表れています。

まずはこのラスプーチン事件をめぐる裁判の核心部分を押さえておきましょう。そもそもの容疑は、テルアヴィヴで開いた国際学会へ代表団を派遣する費用を支援委員会に不正に支出させ、国家に三三五〇万円の損害を与えたというものですね。

佐藤 そういうことになっております（苦笑）。

手嶋 それに対する一審の判決は、二つの論点から成り立っていました。一つは、イスラエルでの学会に国の予算を支出した行為は国際協定に違反している。いま一つは、その上で支出された資金が不正に使われたという容疑です。私は外交ジャーナリストとしての守備範囲を忠実に守って、ここでは第一の論点だけを論じてみましょう。

二国間の条約、多国間の協定、口頭了解といった国際約束が適当なものか否かを判断するいわゆる「有権解釈権」は、従来、外務省にあるとされてきました。具体的には、次官、条約局長、条約課長にその判断が委ねられてきた。これについては、外務省内にとどまらず、全盛期の大蔵省ですら認めていたのです。行政府内のコンセンサスだといっていい。

具体例を一つだけ挙げておきます。日米半導体協定が締結された際、当時の通産省は、アメリカと非公開の密約を結ぼうとした。しかし外務省条約局の担当官は「密約は戦後の憲法の精神に触れる」として、頑として認めようとしなかった。そこで通産省は、やむなく「サイドレター」という形で処理せざるを得なかったのです。ところが、このサイドレターさえ「国際的なコミットメント」にあたると米側は主張し、後に日米の間に論争が持ち上がりました。ことほどさように、条約や協定の解釈に関わる外務省条約局の権限は強大なのです。佐藤さん、ここまではよろしいですね。

佐藤　異議はございません。

手嶋　したがって、対ロ支援を目指す国際協定に基づいて、イスラエルでの国際会議に予算を支出できるかどうかについては、外務省条約局に判断が求められました。その結果、条約局はぎりぎり協定の範囲内で予算の支出ができるという判断を下したのでした。そして、事務次官、条約局長、条約課長が決裁書類に署名をしています。「適法」と判断したこれら関係者もそれぞれ検察の事情聴取に応じて証言しています。

にもかかわらず、一審の判決文では「協定に違反して」と明記しています。なぜ「協定違反」と判断したかは、説得力のある説明がなされていません。検察当局の立論を安易に踏襲したのでしょう。外務省の有権解釈権の威力を知る外交ジャーナリストとして「異なること」と直感しました。仮に協定違反だとすれば、罪に問われるべきは担当の事務官ではなく、有権解釈を下した外務省の首脳陣です。さしずめ、当時、条約局長であり、現在の事務次官である谷内《やち》正太郎氏です。このように首脳陣が決裁した基準に沿って実務を行った人間が罪に問われるなら、そんな国家に勤める役人など一人もいなくなってしまう。判決の前段がすでに破綻《はたん》しているのです。

司法当局は、外務省の有権解釈権に反論して、それは行政権の枠内の話であり、最終的には司法当局に協定や条約の解釈権があると反論することでしょう。しかしながら、国際条約や国際協定は締結の相手国が存在します。日本の司法当局にすべての解釈権があるわけではありません。現にロシアからは一切の異論が出ていません。安保条約を裁判所が一方的に破棄しろと命じられないのもこのためです。外務省の当局者が揃って適法と断じているものを「違法」と言い切るには徹底的な論争が避けられません。やはり下級審は重要な論点を見逃したのでしょう。

さらに言うなら、イスラエルでの国際会議は日本の国益にも適うものでした。イスラエルが対ロシア情勢の収集について重要な位置にあることを、ワシントンにいたわたくしはよく知っています。日本外交における未開の分野であるイスラエルの情報を本格的に開拓したのが「怪僧ラスプーチン」こと佐藤優さんだった。だからテルアヴィヴで国際会議を開き、対ロ情報を収集する土台を固めることはなんら問題がない。当然の外交活動です。しかも、すでに具体的な成果も挙がっているではありませんか。一九九八年にエリツィン大統領によるチェルノムイルジン首相の更迭という機密情報を日本が入手したのも、イスラエル経由でした。

だから、イスラエルで国際会議を開くことにはなんら問題ない。むしろ、もっと頻繁に開くべきだったと思います。ところが、あのときはメディアを含めて一種の魔女狩りが行われ、佐藤さんの逮捕に道をひらいてしまった。外務省内からも不健全といっていい情報のリークがあったのでしょう。

外務省の禁じ手リーク発端となった「国策捜査」

佐藤　マスコミは検察情報を根拠にして私たちを叩いたわけですが、その検察に情報を提供したのは当時の外務省執行部です。検察は国家機関が嘘をつくはずがないと思っているから、「外務省からそんなに悪い話が聞こえてくるなら事実だろう」と考えたのでしょう。ですから、ある意味では検察も被害者だと思います。外務省の「掃除」を手伝わされたのです。

手嶋　その一方で、条約や協定の解釈をめぐって真っ当な供述をしていた人もいたのです。だが検察は耳を傾けようとしなかった。ここで大切な筋を外してしまった。それゆえにいま、公判の維持に苦しんでいる。教訓にすべきでしょう。

佐藤　検察は「国策捜査」で事件を作りたかったわけですから、悪い話ばかり聞くに決まっています。ただ、鈴木さんや私がやられたのには理由がありました。外務官僚か鈴木宗男さんのいずれかが世論のバッシングの対象となることが、頭のよい外務官僚には見えていた。もともと外交においては、政官の関係についてのルールが存在しないのです。外交官は政治の力を借りないと仕事ができないし、政治家はきちんとしたスタッフがいないから官僚の力を借りるしかない。たまたま私も鈴木さんも強情だったから、飲み込みも飲み込まれもせず、しかも強固な信頼関係を築いた。そのやり方はダメだというルールはどこにもないわけです。ところが、ある時点から「潰《つぶ》せ」という話になった。

手嶋　外交官は厳格な守秘義務を課されている。いかに政敵を倒したくても、国家の機密事項を法を破って漏らすという禁じ手を使っては断じていけない。あとで必ずその責めを受けなくてはならなくなります。

佐藤　そう思います。たとえば、取り調べの検事がこう言ったことがあります。「鈴木さんとあんたほどの関係があるならば、ふつうは一億でも二億でも（外務省関連国際機関の）支援委員会から抜いているはずだ。しかし、カネの話が出てこない。これがわれわれにとっては意外で、大きく見誤った。政治家と官僚のこの種の関係は、絶対カネと女が出てくる。それがどうしても出てこない」と。だから検察は、最初は佐藤と鈴木はホモじゃないかと調べたわけです（笑）。外務省の中からそういう情報が来たというのです。

手嶋　うーん——面白い組み合わせだが、絶句するしかありません（笑）。

佐藤　一九九三年一二月にモスクワへ選挙監視に行ったとき、鈴木さんが、テレビで夜通し流れる選挙速報を私に訳してくれと頼んできたことがありました。そこで私がホテルの部屋に行ったら、鈴木さんはエキストラベッドを入れてくれた。それが「ホモ説」の根拠です。でも、ホモだったら備え付けの大きなベッドに一緒に寝ればいい。エキストラベッドなんか必要ありません。私がそう言ったら、検察官も「そうだよな」と納得していました。「それにしても外務省はひどい組織だな。そんな話が聞こえてきたら、こっちは全部調べなくちゃならないんだ」とボヤいていました。

手嶋　おそらく、そこには佐藤さんたちに対する嫉妬のような感情も働いていたんでしょう。人間の世界だから、どんな組織にもそうした感情はある。しかし、たとえば「老インテリジェンス大国」ともいえるイギリスは、嫉妬を乗り越えるだけの成熟度を組織として持っているんです。イギリスの場合、外務省の中に、ＳＩＳという対外情報専門のインテリジェンス組織を組み込む形になっています。それを外交一般に関する情報と競合させているわけです。外務省の本体は、ときにＳＩＳに出し抜かれることがある。これはという東京情報を『ウルトラ・ダラー』の主人公スティーブンが抜き、在京の英国大使館は面子《メンツ》を失う。しかし嫉妬心を抑えるだけの懐の深さを持っている。そんなイギリスの情報機関が久々に底力を見せたのが、二〇〇六年八月一〇日の出来事でした。旅客機テロ計画の容疑者を一斉検挙してみせた。佐藤さんも、「英国、反転攻勢に転じたり」の報に接したときは、さぞかし血が騒いだでしょう。

佐藤　見事に敵討ちを果たしたな、というのが第一印象でした。ロンドンで地下鉄などを狙った爆弾テロが起きて、五〇名以上の死者が出たのは、およそ一年前の七月七日のことです。この「敗北」を、彼らは決して無駄にしなかった。

手嶋　佐藤さんは一年前の事件の直後、ある雑誌で「テロを封じ込めるという観点から、今後イギリスは本領を発揮するはず」と予言していました。

佐藤　あのとき、クラーク内相が自分たちのカウンター・インテリジェンス体制に問題があったことを素直に認め、国民に謝罪したのです。これを聞いた各国のメディアは、「英国情報機関の限界が露呈した」といったニュアンスの報道を行ったのですが、私の感想はまったく逆。「これは本気だな」と直感しました。

というのも、ジョージ・オーウェルの『イギリス人』というエッセイ集に、こんなエピソードがあるんです。第二次世界大戦中、空襲にさらされたロンドン市民が地下鉄の駅に逃げ込んだ。しかし、そこはもちろん防空壕ではありません。そこでどうしたかというと、誰みんな最短区間の切符を買って、整然とホームに下りて行く。緊急時にもかかわらず、誰ひとり秩序を乱さないし、動じない。しかし胸の奥では、「よくもやったな」「覚えていろよ」という、ドイツ軍に対するたぎるような思いを燃やしていたのだ――というお話です。これを「ジョンブル魂」というのかもしれません。私は、冷静に反省の弁を述べる政府高官の姿から、そんな凄《すご》みのある決意を読み取ったんです。

手嶋　その「決意」の表れが、イスラムのコミュニティそのものを事件再発防止のターゲットに据えるというやり方でした。イスラム系とはいえ、彼らはあくまでも英国市民です。

したがって、彼らの人権を侵していると受け取られるおそれがある。現に、「これは英国の民主主義を危うくするものだ」という批判がメディアから相次ぎました。

佐藤 そこにあるのは、「自国民の中にも敵がいる」というリアルな認識です。この事実から目をそむけていたら、テロの防止などおぼつきません。

手嶋 ただ、あのような強硬姿勢を取れば、ふつうならイスラム社会を挙げての反発が起こるところです。しかし、現実にはそうはならなかった。それどころか、そのイスラム・コミュニティの住民から容疑者逮捕の決め手となる情報が次々にもたらされた。

佐藤 どうしてそんなことが起きたのかは、ロシアのイスラムテロ対策を見ているとよくわかります。実は、ロシアのインテリジェンスは英国の亜流なんです。そのロシアでプーチン大統領が採った政策は、伝統的なイスラムと非伝統的なイスラムを明確に分けることでした。テロリストの温床になっているのは後者だけで、伝統的なイスラムに属する人々の大半は無差別テロに対して否定的という言説を組み立てたのです。

それと同様、英国当局もコモンウェルスのイスラム指導者などを説得し、多くを味方に引き入れました。イスラム・コミュニティの「健全な部分」に、「このままでは、われわれは全てが英国の敵だと見なされてしまう」「テロリストは自分たちの手で排除しよう」

という意識を広げることに成功したわけです。ここから先は私の憶測ですが、テロにいたる計画行動を主導する中心部分にまで協力者を送り込んでいたのではないでしょうか。

手嶋　おや、「憶測ですが」とおっしゃいましたね。この本の賢明な読者はすでにお気づきでしょう。ラスプーチンが、こういう前置きをするときは要注意です。決して本音ではない。ラスプーチン発言を決して鵜呑みにしてはいけません。この台詞は、情報源を秘匿しようとするときに使われる符丁なのですよ。

佐藤　お手やわらかに。こちらの商売の邪魔をあまりしないでいただきたいものですな（笑）。

手嶋　それはともかく、当局は英国伝統の民主主義の原則を損なうのを覚悟の上で、コミュニティに分け入って行きました。電話やメールの傍受、大規模な追跡、そして今回は彼らの得意とするダブルエージェント、つまり二重スパイのカードも切った。だからこそ、実行直前に容疑者を一網打尽にするという芸当ができたのです。

佐藤　おそらく、テロの準備段階で主導的といってもよい役割まで担わせつつ、徹底的に実行組織をあぶり出したんでしょうね。

インテリジェンス世界とメディアの秘められた関係

手嶋　ダブルエージェントのようなスパイを運用するヒューミントは、まさに英国の得意とするところです。電波傍受やスパイ衛星による偵察などには膨大な予算をつぎ込む米国も、ヒューミントはあまり得意ではありません。

佐藤　米国にも、それをやる技術と能力はあるんです。しかし「やることが許されない」というのが実態ではないでしょうか。開かれた社会を標榜《ひょうぼう》している国ですし、メディアの監視も厳しいですからね。英国に比べても民主主義のハードルが高いので、あまり「汚い」ことはできないんですよ。

手嶋　たしかに、インテリジェンスをめぐる米英のメディア環境には大きな違いがあります。米国では、少なくとも建前上は報道の自由という大原則が貫かれています。検閲が行われることも、表向きはない。もちろん英国でも、当然のことながら報道の自由は法律上の権利として認められています。しかし、国のセキュリティやインテリジェンスにかかわる部分では、隠然たる報道規制が行われている。この事実は、政府はもちろんジャーナリズムの側も決して公には認めない暗黙の了解事項なのです。

報道規制が「原則として存在しない米国」。「ほんのちょっとだけ存在する英国」。この両者には天と地ほどの開きがある。今回、英国のメディアが当局による国内のイスラム勢力の摘発や盗聴内容を事前につかんだとしても、それを活字にしたり電波に乗せたりすることはできなかったでしょう。そこが米国との決定的な違いです。

佐藤　どこでどんな検閲が行われているかはあまり表には出ませんが、わかりやすい例では、「MI5」として知られている英国のカウンター・インテリジェンス機関SS（情報局保安部）でロシア班の班長を務めたピーター・ライトという人が書いた、『スパイキャッチャー』（朝日新聞社）という暴露本があります。「情報がロシアに筒抜けになっているのはMI5の長官が彼らに取り込まれているからではないか」という疑惑が物語のベースになっている。この本は、日本の書店には並んでいますが、英国では発禁処分です。著者自身も、身の危険を感じてオーストラリアに逃げざるをえなくなりました。

手嶋　目の前のテロを止めるという目的のために、あらゆることが許されるのかどうか。否応《いやおう》なしにそういう究極の選択を迫られる時代にわれわれは生きているのだということを、日本国民も強く自覚する必要があると思います。

功名が辻に姿見せないスパイたち

佐藤　ところで、作戦続行中は報道規制を敷いた英国当局も、容疑者摘発後はイスラム・コミュニティでのネットワーク作りなどに関してあからさまに喋《しゃべ》っています。「民主主義の原則に反する」という批判をかわしたいのなら黙って知らないふりをしていればいいのに、なぜそうしないのか。ここにも、彼らなりのしたたかな計算があると私は見ています。それについては、あるインテリジェンスに詳しい外国人が、こんな譬《たと》え話をしてくれました。「最近、サトウのマンションに泥棒が入り、慌ててセキュリティ会社と契約したと聞いた。玄関にセキュリティ会社のステッカーが貼ってあれば、二度と狙われないだろう。それと同じさ」――。

つまり、あれは「英国政府はここまでやるよ」という警告キャンペーンなんです。アルカイダ側からすれば、「英国でテロを計画するのは効率が悪い」となるわけです。

手嶋　あれだけの大捕り物ですから完全に秘密にしておくのは不可能だったと思います。しかし、情報の開示方法については相当に練られた跡が窺えます。その点で面白いのは、イギリスの新聞では、あの逮捕劇がスコットランドヤードのお手柄として報じられていることです。俗称では「ＭＩ６」として知られている対外情報機関ＳＩＳやカウンター・インテリジェンス組織ＭＩ５の名前は、ほとんど表に出てこない。彼らは功績を警察に譲って、じっと我慢しているんです。

佐藤　実際は、海外が絡むインテリジェンスやスパイの国内への浸透を阻むのはＳＩＳの役割です。「表に姿の出ないところがもっとも働いた」というのが、プロの目から見ると明らかですね。それも、英国情報機関の文化が生きているからでしょう。

手嶋　今回は、ＳＩＳがパキスタン軍の情報部をしっかりと握っていたことが最大の勝因です。にもかかわらず、黙って「大人の対応」を貫いている。おっしゃるように、そこには成熟したインテリジェンスの文化を感じますね。あの浅間山荘事件が映画になったときにも、警視庁と長野県警がどちらをプレーアップして描くかをめぐって、後藤田裁定まで仰いだ国とはずいぶんと違いがありますね（笑）。

佐藤　ただし、ＳＩＳが表に出てこないのは、モラルが高いからだけではありません。もともと彼らは、世間的な評価や出世にはあまり興味がないんです。一番の関心は、ＳＩＳの長官、首相、さらには女王陛下といったキーパーソンに認知されることなんです。こういうキーパーソンはＳＩＳのインテリジェンス専門家を大切にします。

そっと仕掛けられた「撒《ま》き餌《え》」

手嶋　佐藤さんは外務省入省後、英国の陸軍語学学校でロシア語を学んだのですね。

佐藤　陸軍語学学校は、ロシア語科の他に、アラビア語科、ドイツ語科が常設されており、一九八二年のフォークランド紛争の際にはスペイン語科も設けられました。要するに、英国の潜在的な敵国の言葉を習得させる学校です。アラビア語に関していえば、年に三〇人ぐらいの将校や下士官クラスの人間が卒業していきました。これは大変な蓄積です。

もう一つ重要なのは、人脈づくりです。英語科もあって、中東やアフリカから将校などを受け入れていたのですが、どうみてもまともに勉強している雰囲気ではない。事実、オマーンの将校は「イギリスは僕らに本気で英語を覚えさせようとしているわけではない。楽しいイギリス生活を送らせれば、それでいいんだよ」と言っていました。つまり、英国に好印象を持って本国に帰ってもらい、いざというときには、そこで築いた人脈をフル稼動させるということです。ちなみにリビアの実質的な元首を務めるムアンマル・カダフィ大佐も、ここの卒業生です。私はカダフィ大佐と同窓なんです。

手嶋　九・一一テロ以降、対中東政策にほぼ見るべきものがないブッシュ政権にとって、リビアに方向転換をさせて、がっちりと取り込んだことは唯一の光明です。しかし、カダフィを「寝返らせた」のは実は米国ではなく、英国のインテリジェンスが構築した人脈だった。これは、その筋の人々のあいだでは常識になっています。

佐藤　表現は悪いのですが、英国は本当にいろんなところで「撒き餌」をしています。たとえば最近、ＳＩＳがアラビア語とロシア語のホームページを立ち上げました。表向きはリクルートのためということになっていますが、情報機関が自分から「スパイにして下さい」とアクセスしてくる人間を採用するはずがありません（笑）。したがって目的は別のところにある。あえて扉を開けておいて、そこに定期的にアクセスするアドレスに目を光らせているんだと思います。テロを画策するような組織にとって、ＳＩＳの動向は大いに気になりますからね。

手嶋　そのホームページができたとき、日本の新聞に「ＳＩＳがついに公募を始めた。開かれた組織になった」という記事が載りました。「外務省のラスプーチン」による洞察に較べて、なんと表層的なと、思います。残念ながら、このあたりが日本のインテリジェンスの水準なのです。

佐藤　戦前の日本人はもう少し疑《うたぐ》り深かったはずですし、今でも、ビジネスの世界で生きている日本人は疑り深い。そのセンスを、もう少しインテリジェンスのほうにも応用したらいいと思うんですけどね。

イラク情報で誤った軍事大国アメリカ

手嶋 先ほどブッシュ政権の中東政策に見るべきものがないと申しあげましたが、そもそもアメリカはイラク戦争で情勢を見誤りました。当時、ワシントンに在勤していたのですが、わたくしはブッシュ政権のイラクへの力の行使には賛成できかねました。ワシントンでホワイトハウスの動きをウォッチしているジャーナリストは、大統領の力の行使にほとんどの場合、反対するものなのです。国際的なメディアは強大な力を持つ超大国アメリカの軍事力行使に厳しい監視の眼ざしを注ぐことで、ようやく全体としてバランスがとれるからなのです。

なぜなら、アメリカ大統領が軍事力の行使に踏み切ると、アメリカの世論はほぼ例外なく圧倒的に支持します。政権の支持率はグーンと跳ねあがります。ですから政権の浮揚力を高めようとすれば、大統領はつい力の行使に傾いてしまいがちです。伝家の宝刀をともすれば抜きがちとなります。

しかし、かつてのベトナム戦争がそうであるように、力を行使すれば必ずどこかで毒が回ってくる。だから、われわれ国際的なメディアは、アメリカの力の行使にはいかなるケースであれ、慎重の上にも慎重を期すべしと主張すべきだと考えています。

それでも、「ブッシュ政権寄りではないか」と言われたことがあります。イラク戦局の見通しを問われれば、「バグダッド攻略はさして難しくない」と答えていました。その部分だけを取り上げれば、アメリカに寄り添った見解だと思われたかもしれません。しかし一方で、イラクの治安を回復し、中東の和平をもたらすのは絶望的なほど難しいと指摘してきました。ブッシュ政権は、明らかに自らの力を過信してしまったのです。

アメリカが力の行使をする場合、西側同盟の意向はきわめて重要です。国境を接するカナダや、本質的にはアメリカの意向に戦後一貫して従い、離反したことがなかったドイツを、脱落させてしまっている。そういう状況下で力の行使に踏み込んでいったことには疑義を呈しておかなければなりません。

ブッシュ大統領をイラクへの戦いに連れていったのは、チェイニー副大統領やラムズフェルド国防長官ら強硬派です。さらに、そのなかにイスラエルの利害に寄り添うネオコン、新保守主義派と呼ばれる人々がいました。ネオコンの特質は三つ。一つは、民主党リベラル派からその外交・安全保障政策に落胆して、保守派に移ってきた人々であること。二つ目は、ネオコンの大半がユダヤ人であることです。ポール・ウォルフォウィッツ前国防副長官がその代表格です。さらには「闇のプリンス」と呼ばれたリチャード・パール外交諮問会議元議長らのイデオローグがいる。そのウォルフォウィッツは、両親を除くほとんどすべての親族をアウシュヴィッツで亡くしています。彼らネオコンは、第一次湾岸戦争時からバグダット侵攻を主張していました。が、当時はまだ少数派にすぎませんでした。彼らを政権のメインストリームに押し出したのが、二〇〇一年の九・一一の同時多発テロ事件でした。もちろん、最後の決断は大統領たるブッシュがしなければなりませんでした。そして、その結果責任をいま負いつつあると思います。

佐藤　表向き、アメリカがイラク戦争を仕掛けた理由は二つありました。一つはフセインが大量破壊兵器を隠していること、もう一つはフセインがビンラディン率いるアルカイダと組んでいるということです。

しかし、二つめの話が最初から大嘘だというのは、ちょっとでも中東やイスラムの歴史を学んでいればわかる。というのも、ビンラディンたちの目的はイスラム原理主義の帝国をつくることで、そこに民族や国民国家の意識はありません。一方、フセインはイラク人による大国民国家をつくることを目指しており、これは基本的に民族主義《ナショナリズム》の亜流です。だからフセインはビンラディンの仲間をたくさん殺しているし、ビンラディンにとってフセインは打倒の対象だった。強いて共通点を挙げれば両者ともアメリカとぶつかっていることだけで、それ以外は全然つながらない。だからフセインとアルカイダが組んでいるなんていうのは、子供でもわかる大嘘なんです。ところがアメリカは、イラクを叩く大義名分が必要だったから、それを意図的にくっつけた。それはネオコンと関係していると思います。

先ほどの手嶋さんの説明に付け加えると、ネオコンのもう一つの要素は、アーヴィング・クリストルが書いた『Neoconservatism』（ネオコンサヴァティズム・新保守主義）という論文集を読むとはっきりする。彼らはニューヨーク市立大学出身のトロツキストグループなんです。学生時代から世界革命の思想を持っています。現在もその思想は変わっていません。ただし、それはマルクス主義に基づく世界共産革命ではなくて、世界自由民主主義革命なんです。つまりネオコンというのは、独裁者や悪い奴はやっつけて、普遍的な一つの理念で世界を統一していこうという革命家たちなんです。

手嶋　だからこそ、イラクにも軍事力でアメリカ流の民主主義を押し拡げようとする。このあたりが、アメリカが「理念の共和国」だといわれるゆえんです。「義を見てせざるは勇なきなり」というわけでしょう。押しかけられる側からは、まことにもっておせっかいで、たまったものではない、ということになりますが。

佐藤　ええ。旧ソ連がハンガリー人民共和国やチェコスロヴァキア社会主義共和国に軍事介入したときも、「これは侵略ではなく、同志的な援助を差し延べているのだ」という大義名分がありましたが、今はそれと同じことをアメリカがやっている。

手嶋　大半のアメリカ人は、自分たちの国は丘の上に燦然《さんぜん》と輝く民主主義国家だと信じています。その自由の理念が正しいならば、それを世界に、とりわけ独裁政権下にある人たちにあまねく伝えなければ——。そうした伝道者のような使命感に駆られてしまうのでしょう。軍事力をもって他国を侵略し、主権国家を転覆させているという意識がそもそも希薄なのです。

佐藤　これは普遍主義的な物の考え方の特徴で、自分が世界一だと思っている人は、その感覚こそが世界の常識だと思ってしまい、それを世界中に善意で押しつける。市場原理主義も、ネオコンの自由民主主義革命路線と一緒だと私は見ています。要するに自由や民主主義、市場原理主義といった価値は絶対に正しく普遍的なので、力によってこれらの価値を移植することが最終的に人類全体のためになると考えます。私はこれを一種の世界革命思想として捉えています。

大量破壊兵器あり――幻の情報キャッチボール

手嶋　フセイン政権はアルカイダと関係を持っていたのか。いまひとつは、フセイン政権は大量破壊兵器の開発にどれほど手を染めていたのか。いまブッシュ政権は国際世論の指弾を受けて身をすくめているように見えます。駐ガボン米大使だったジョセフ・ウィルソンが「イラクがニジェールからウラン入手を図ったという情報は誤り」と発言したとき、ブッシュ政権は「大使の妻はCIA工作員だ」と記者に漏らし、守秘義務に違反したとされます。

佐藤　ただ、私が先ほど二つめの話を大嘘だと言い、最初に挙げた大量破壊兵器の話をあえて後回しにしたのは、そちらのほうは本気で引っかけようとしたのではない、と見ているからなんです。

ここは世間でやや誤解されているところなんですが、たとえばロシア人は謀略で嘘をつくことがあります。イギリス人もやる。だから、もしイギリス人が「確証がある」と言い、ロシア人がそれに話を合わせていたら、私は最後まで疑います。しかしアメリカ人というのは、病的なほど嘘がつけないんですね。嘘に基づいた行動を取ってはいけないということが、DNAに刷り込まれている。

る国です。

手嶋 ワシントン初代大統領が桜の木を切ったと父親に正直に告げた話が美談になってい

佐藤 だから、フセインとアルカイダが組んでいるというような大嘘をつくときに、アメリカ人にはどこかぎこちなさがある。アメリカの政策当局者もこの話は大嘘だとわかっているが、これを口実にサダム政権を叩き潰すのがアメリカの国益と考えた。しかし大量破壊兵器については、まったく正直に彼らは「ある」と思っていたと思うんです。アメリカが悪意を持って情報操作をしたという説は、誤りです。アメリカのこともインテリジェンスのこともわかっていない人間が、そういうことを言う。

手嶋 つまり大量破壊兵器の有無については、アメリカのインテリジェンス能力に問題があったということですね。

佐藤 その意味で、事態はもっと深刻です。情報のキャッチボールの中で狂いが生じたんです。アメリカが最初から取った情報ならば、アメリカ人は実証的なところがありますから、ダブルもしくはトリプルで裏を取っていたでしょう。それなら、かなり信頼できる情報だといえます。しかしフセインがウランを入手したという情報は、そもそもイタリアの情報機関が入手したものでした。そのイタリアが、あいだにイギリスを挟む形でアメリカと情報のキャッチボールをした。これについては、日本人の分析で非常に優れたものがあります。当時、朝日新聞の外岡《そとおか》秀俊欧州総局長（現・編集局長）と西村陽一北米総局長（現・政治部長）の二人が共同検証をしているんですよ。私は新聞記事を読んで記者にメールを書いたりすることはめったにないんですが、あのときは西村氏に「これはすばらしい」とメールで伝えました。あいだにイギリスを挟んで情報をやり取りしているうちに仮説が事実のように見なされ、その誤った事実に基づいて新たに情報が追加されていった結果、あのようなことが起きたのではないか、というのが彼らの分析です。

私自身、入口がイタリアだという時点で、これは危ういと思っていました。イタリアの情報機関というのは、ピンポイントでは独壇場ともいえる強さを持っているんです。それは二カ所半あって、一つはイタリアに亡命コミュニティがあるアルバニア、二つめはかつて植民地だったリビア、最後の半分はエチオピアです。この三カ所に関しては強い。しかし逆にいうと、それ以外の場所に関する情報でイタリアから超ヒットが出てくるなんてありえないというのが、業界の常識なんですよ。しかも戦後しばらくイタリアには対外情報機関が存在しなかった。創設されたのは一九七〇年代の後半ですから、歴史も浅い。したがって、根っこがイタリアだというだけで、かなり怪しげな話であることは間違いなかったんです。アメリカも、普段なら眉に唾《つば》をつけて聞いたところでしょう。

しかし、たとえば普段は郵便ポストなんか気にしない人でも、手紙を出さなきゃならないということになれば、ポストがどこにあるか考えますよね。これをハイデガーは「用材性」と名づけたわけですが、人間は自分の手段や目的に合わせて物事を把握しようとするんです。当時のアメリカも、大量破壊兵器がどこかにあるはずだと、念力でも眼力でも見つけ出そうと思っていたものだから、イタリアからの情報も普段の感覚で取り扱えなくなっていたんでしょう。しかもイタリアはイタリアで、その情報源が自分たちであるにもかかわらず、あるとき「アメリカもわれわれと同じ情報を掴んでいるらしい」と思って、ドイツやスペインに「アメリカからこんな情報が来ているが、それについて何か知っているか」と聞いて回ったりしたんです。

サダムとビンラディン、その悪魔的な関係

手嶋　その手のことが、この世界では頻繁に起こります。同僚が「政府筋からこんな機密情報を聞いた」というので、そのメモを見たことがありました。実は、僕がその関係者に教えてあげた情報だった、という経験がありました。インテリジェンスというのは情報源

が二重底どころか三重底、四重底にもなっている。ですから慎重に取り扱わなければなりません。生のままの形では一般ニュースにすべきではないのです。現に僕は一度もインテリジェンスを普通の形でニュースにしたことがありません。

ともあれ、アメリカ政府は結果的に「イラクには大量破壊兵器がある」と判断しました。CIAやDIAをはじめ、インテリジェンスを握っている当局があそこまで強くその事実を示唆している以上、「あるかもしれない」と思っていました。加えて、私にはひとつの背景がありました。イラク戦争では、ワシントン支局から戦後初めて正式な従軍記者を出しました。社の上層部には「従軍こそが安全な戦争取材の方法だ」と言って説得したのです。が、戦争に安全などあるはずがない。だから従軍させた記者に万一のことがあれば現場の責任者としてただちに辞職すると決めていました。ですから、当然、最悪の事態に備えていました。生物化学兵器が使われるかもしれないと覚悟していました。大量破壊兵器が「ない」という前提には立っていませんでした。そういう意味でも、大量破壊兵器はあるかもしれないと考えていたのです。大量破壊兵器が存在しないことが明らかになった今の時点で「なかったじゃないか」と批判するのは簡単です。しかし、その尻馬には安易に乗りたくないという気持ちがあります。

佐藤　それがプロフェッショナリズムというものだと思いますよ。それに、大量破壊兵器があったかなかったかというような問題は、これまでにもたくさんあったと思うんです。それより、このイラク戦争に関して重要なのはもっと大きなシナリオのほうなんですよ。そもそもサダム・フセインというのは、アメリカの敵であると同時にイスラム原理主義者の敵でもあったわけですよね。で、九・一一のテロを行ったオサマ・ビンラディンたちはイスラム教のワッハーブ派（原理主義運動）の連中で、これはチェチェンあたりのテロリストともつながっているが、サダム・フセイン政権とのつながりはないということは、みんな知っていた。しかし、クサい臭《にお》いがイラクとワッハーブから二本出ていて、この臭いはどちらも元から断たなきゃダメだというのが、西側のインテリジェンスのコンセンサスだったんです。

イラク戦争が起きる前、イスラエルとロシアの連中からこういう説明がありました。イスラエルの連中は、大量破壊兵器が見つかってほしいと思いながら、それが存在しないことも予想している。というのも、イラクがフランスと技術提携して原発をつくろうとしたときに、イスラエルは国際法無視の空爆を行ってそれを叩き潰しているんです。サダムもバカじゃないから、そのときの教訓を覚えている。大量破壊兵器を国内に置いておくような下手なことは絶対にしない。しかしアメリカにはイラクを叩いてもらったほうがいい。そうすれば泥沼化して解決しないから、ずっとアメリカがいることになる。今の状況では永遠に中東で紛争が続くことが、われわれの生き残りにとってプラスである——というのがイスラエルの言い分です。

しかも彼らは、相手がイスラムである以上、穏健派だろうが過激派だろうが関係ないと言います。エルサレムがイスラエルの首都であることは、どんなに世俗化したイスラム教徒でも絶対に認められないことだ。しかし、この世の終わりまで生き残ることが旧約聖書に書かれたわれわれの使命だから、全世界に同情されながら死に絶えるようなシナリオは選べない、とかなり残酷なことを言うのです。

手嶋　それが、アメリカのネオコンと地下水脈で結びついているわけです。だから、ブッシュ大統領が「なぜイラクに行ったのか」考える時、石油の利権といった一見もっともな、しかし浅薄な理由では到底説明できないのです。神の啓示を受けて行った、としか言えない側面があるように思います。だが、大量破壊兵器があるというわかりやすい理由を安易に掲げてしまったブッシュ政権の側に誤りがあったと思います。

佐藤　別のことで難癖をつければよかったんですよ。結果的には、あそこでサダム・フセインを潰したことで、今はアルカイダとの戦いに集中できるようになりました。ですから対テロ戦争という大きなフレームの中では、まずサダムから潰す必要があったことは明白だと私は思います。しかし大量破壊兵器が存在しなかったことでサダム・フセインに冤罪《えんざい》をかけてしまったとすれば、それはやはり世論の中で通らないし、インテリジェンスの世界でも通りません。

イスラエルとドイツに急接近するロシア

手嶋　ところで、イラクにおけるアメリカの躓《つまず》きは、ロシアの対日外交にも影響を与えています。プーチン政権は東アジアにおけるアメリカの動向をかなり真剣にウォッチしていますから、イラク戦争以降はアメリカの東アジアでのプレゼンスが軽くなり、日米同盟が空洞化の兆しを見せていることに気づいている。そのため北方領土問題をはじめとして、全体として日本に強気に出ているように感じます。

佐藤　基本的な枠組みは、手嶋さんのおっしゃるとおりだと思います。ロシア人というのは「力の論理」の信奉者なんですが、その力には「頭の力」も含まれている。その頭の力を含めた日本の基礎体力が弱くなってきているという認識を持っていますから、いくらでも小馬鹿にしてくるわけです。

一方、アメリカとの関係は、今は共和党政権との棲《す》み分けがうまくいっている。ロシアを知らない人は、民主党政権のほうがアメリカの用語ではリベラル、西欧の用語では社会民主主義的な雰囲気があるからロシアとうまくいくように思っているんですが、これは大きな間違いです。民主主義のスタンダードをロシアに求める点では民主党のほうが厳しいので、むしろ共和党政権のときのほうが米ロ関係はいいんです。ただし今のロシアは、イラク戦争の失敗を横目で見ながら、イスラエルと接近している。同時に、ロシアの対外情報機関の中では、ドイツ語派閥がすごく強くなっています。かつての冷戦志向の中ではあまり考えられなかったイスラエルやドイツとの情報協力を進めながらアメリカを見ているんです。

手嶋　うーん、ラスプーチンの見立ては面白いですね。第一次世界大戦の後、軍備を制限されていたドイツが、ソ連領内でひそかに再軍備を進める素地となったのが「ラッパロ条約」です。いまやまた「新ラッパロ条約の時代」が訪れるのでしょうか。

佐藤　それに近いかもしれません。ネオコンについては、ロシアもイスラエルもトロツキズムだと認識しています。つまり、自由と民主主義による世界革命を目指している。イスラエルにとってこのような自由と民主主義による革命が中東に輸出されることは国益に適います。それに対してロシアは、これはスターリニズムの本質もある意味では反革命だったのかもしれないんですが、ロシアの勢力圏であるユーラシアをこの自由と民主主義による世界革命から守るんだという発想になっているようです。

手嶋　それは非常に重要な点で、まずは二〇〇一年九月一一日に四機の旅客機が米本土に激突したことによって、アメリカという巨大タンカーの針路がへし曲げられていくわけですね。それ以前は冷戦期と同じ核抑止戦略を踏襲していたアメリカです。その世界戦略が、ほとんど一日にして変わってしまった。それ以降は、もしアメリカ本土を狙うような脅威があれば座して待つことなく、先制攻撃に打って出る。しかも先制攻撃にあたっては、フランスやドイツといった主要な同盟国にも相談を持ちかけない。国連決議も要らない。そういうユニラテラリズム、つまり一国行動主義に大きく傾いてしまったわけです。

ブッシュ政権にこのように舵を切らせるためのドライビング・フォースこそネオコンでした。実は、このネオコンの根っこにあるアメリカのキリスト教右派は、一見ユダヤ人とは距離があるように思えますが、そうではありません。たとえばテキサスのサンアントニオにあるキリスト教右派の教会に行ってみますと、リクードの人たちの写真が飾ってある。

主たる資金提供者は驚いたことにイスラエルの右派勢力なんです。『旧約聖書』を読んでも両者に違和感はないというわけです。ネオコンとイスラエル右派。両者は非常に近しい間柄なのです。そのイスラエルの右派はもともとロシアが淵源《えんげん》です。

「二つのイスラエル」を使い分けるユダヤ人

佐藤　そうです。そこでネオコンは、あえて「二つのイスラエル」をごっちゃにしているんです。現実に存在するイスラエル国家と、新約聖書の黙示録の最後に書かれている「千年王国」としてのイスラエルを融合させて、うまくイメージ操作しています。

それに加えて、現実のイスラエル国家が口にする論理というのが、ある種の人々にとってはとても魅力的に響く。「われわれはホロコーストで六〇〇万人が死んだ。われわれはこの教訓から、全世界に同情されながら死に絶えるよりも、全世界を敵に回して生き残ることを選ぶ」――これが今でもイスラエル人のコンセンサスだと思うんですが、九・一一以後、この言葉はかなりアメリカ人の琴線に触れたんじゃないでしょうか。

手嶋　その意味でも、イスラエルの右派、とくにロシアから移民してきた人たちとイスラエルのあいだを流れる地下水脈は非常に重要です。そして、だからこそ日本がイスラエルで国際的な学会を開くことには大きな意義がある。それを国益に反すると見なし、佐藤さんを逮捕した国策捜査には疑問があります。「国策捜査」という四文字熟語は、広辞苑の次期改訂で新たに採用されるという話があるそうですね。外交ジャーナリストとしての経験から申し上げても、モスクワにある最高級のインテリジェンスは、モスクワの街中《まちなか》で手に入るわけがありません。

佐藤　ロシアの連中だって、モスクワでは怖くて話ができない。「テルアヴィヴで相談しよう」と、ロシア人に言われるわけですからね（笑）。

手嶋　だから貴重な情報というのは、常に周辺部に染み出していくのです。革命は常に辺境から始まるという名言を吐いたのは毛沢東です。フルシチョフのスターリンに関する秘密報告のスクープも、そしてラスプーチンのチェルノムイルジン更迭のインテリジェンスも、同じイスラエルから出ている。

佐藤　それでイスラエルに行ったときに、現地の友人に「面白い奴のところに連れてってやるから、ちょっとアメリカについての見聞を広げておけ」と言われて行ってみたら、当時交通大臣を務めていた旧ソ連の反体制運動家のナタン・シャランスキーだったんですよ。彼は原子物理学者で、後に反体制運動家としてソ連の改革を主張したアンドレイ・サハロフの信奉者で、部屋にもサハロフの写真が掲げてありました。そこで北方領土問題や米ロ関係などについて話してきたんですが、テルアヴィヴの日本大使館もびっくりしてましたね。

手嶋　「ニューヨーク・タイムズ」に日系人の有名な書評家、ミチコ・カクタニという女性がいます。以前「大統領の愛読書」という面白い記事を書いていました。その中で、合衆国第四三代大統領はナタン・シャランスキーの熱心な愛読者だと書いていました。どうして日本の新聞にはこんな記事が少ないのでしょうか。

佐藤　彼の主著である『The Case For Democracy』は、『なぜ、民主主義を世界に広めるのか――圧政とテロに打ち勝つ「自由」の力』（ダイヤモンド社）という邦題で翻訳も出ていますね。

手嶋　これがまさに、いま中東の地で足を絡めとられているブッシュ大統領を背後から動かしたイデオロギーといっていい。それがイスラエルから出てきたというのが、実に面白い。

ネオコン思想上の師、S・ジャクソン上院議員

佐藤 ですから不思議なことに、現ロシア大統領のプーチンはサンクトペテルブルクの副市長時代に二度もイスラエルに行ってるんですよ。それも、移民関係の特殊な機関を通じて訪ねている。「ナティーフ」という政府機関です。ナティーフは「道」という意味のヘブライ語で、旧ソ連からユダヤ人を逃がす「道」をつくるという含みがあります。つくられたのは、一九六七年の六日戦争でソ連とイスラエルが国交を断絶した後です。一九四八年にイスラエルが建国されたときに、世界で二番目、つまりアメリカの次にイスラエルを承認したのはソ連なんです。だからシオニズムとソ連の関係は、最初は悪くなかったんです。しかし、いろいろと捻《ねじ》れが生じてきて、ついに国交を断絶した。そのときイスラエルがソ連圏全体に作った不思議なネットワークが「ナティーフ」です。これはモサドとはまったく別の秘密機関です。ひそかにユダヤ人を集めて第三国を経由して逃げ出させる。そういう地下活動を行うと同時に、パリ、ロンドン、ニューヨーク、ワシントンにも支部を置いて、ユダヤ人の出国問題が米ソ関係の中心問題だというキャンペーンを張ったりしていました。

手嶋 まさに全てが地下水脈でつながっている。これこそ、ラスプーチンの世界です。僕のような堅気の人間は、少々、頭がおかしくなりそうです。ユダヤ人のソ連からの出国問題が、アメリカ議会で法律になって実を結び、冷戦を終わらせる重要な布石になったのです。有名なジャクソン・ヴァニック法がそれです。当時のソ連に最恵国待遇を与える法案のアメンドメント・付帯条項に、ユダヤ人を出獄させる項目を埋め込ませるという、天才的なアイディアを、かのレーガン政権の懐刀、リチャード・パールが考えつきます。こうしてユダヤ人の出国に道を開いたのでした。この法律がなければ今日のリクードはなかったかもしれません。

その法案の立役者であるスクープ・ジャクソン上院議員は安全保障の専門家です。歴代の国防長官や国務長官が対ソ交渉に臨むときには、彼の意に逆らっては軍縮交渉ができないといわれたほどの実力者でした。そして実は、このスクープ・ジャクソンの弟子が、ネオコンの巨頭であるポール・ウォルフォウィッツと、ネオコンのイデオローグであるリチャード・パールでした。パールはレーガン政権の国防次官補として米ソ軍縮交渉を取りまとめた人物であり、冷戦を終わらせたのはこの人だといってもいいほどの存在です。

ただし、その二人の師匠にあたるジャクソン上院議員はユダヤ人ではない。北欧系です。第二次世界大戦でヨーロッパの戦場を視察し、ドイツのブーヘンヴァルト強制収容所が解放される現場に立ち会います。そこで虐殺の惨劇の跡を目の当たりにします。スクープ・

ジャクソンは、「ときには力の行使をして悪を自ら倒さなければならない」という思想に目覚め、それ以来力の信奉者になったといわれています。全体主義体制に対する厳しい対決者となったのです。その二人の弟子がブッシュ大統領をイラク戦争に連れて行ったのですから、歴史はなんと奥深いのでしょう。

プーチン大統領のインテリジェンス能力

佐藤 そして、これが実はプーチン大統領の運命と絡んでくるわけです。一九八九年のベルリンの壁崩壊を、プーチンは壁を守る側で見たわけです。自分たちが守ってきた秩序が崩れていくのを嘆きながら、当時、KGB国家保安委員会のドレスデン駐在機関長だったプーチンはソ連軍の出動命令を待っていた。ところがモスクワからは明確な指令がない。もう、わが体制は終わりだ——と絶望していた人間です。

そのプーチンが東独から戻ると、母校であるサンクトペテルブルク大学の副学長になり、さらにアナトリー・サプチャークという急進改革派の市長に登用されて副市長になる。そこで彼は対外関係を担当するんです。ソ連崩壊後のサンクトペテルブルクにはユダヤ人が多かったんですが、彼らはプーチンの出国許可サインがないと出られなかった。そこでイスラエルはプーチンにロビーイングをかけるんです。一九九〇年代半ばに二度にわたってイスラエルを訪問したプーチンは、そのときから親イスラエルになっていきました。これは意外に知られてないのですが、たとえばチェチェン問題が起きたとき、当時ロシア首相だったプーチンはそれを「イスラム原理主義による国際テロリズムだ」と明言しましたよね。米英はそれを否定していましたが、これはロシア側の主張が正しかった。これはイスラエルの知恵ですよ。チェチェンと中東のつながりやアルカイダの流れに関して、イスラエルが正確なデータを流していた。プーチンにとっては死活的に重要だったチェチェン問題で彼を助けてくれたのが、実はイスラエルなんです。

もう一つ不思議な話があって、二〇〇〇年の終わり頃から、ロシアとイスラエルが「近いうちに、アメリカと軍事同盟を結んでいる国で、今までと違った形のとんでもないテロが起きるんじゃないか」ということを言いだしました。そして二〇〇一年の三月、ロシア国営イタルタス通信が四〇〇字詰め原稿用紙にして六〇枚ぐらいの特別論評を配信し、世界貿易センタービルの地下で起きた爆破事件の話などを引き合いに出しながら、ビンラディンとアルカイダの流れが欧米でテロを起こす可能性に言及した。ですから私は、九・一一の事件が起きたとき、これは決して負け惜しみではなくて、「起きたか」という感じでしたね。

手嶋　そこまで状況を見通していたロシアとイスラエルに較べてみますと、アメリカはかなり遅れていましたね。二〇〇〇年の大統領選挙以前は、まだクリントン政権ですが、そのとき一度だけ、九・一一を防げたかもしれない最大のチャンスがあった。オサマ・ビンラディンはアルカイダの組織と共にスーダンにいたのですが、スーダン政府がそれを抱え切れなくなって、最初はサウジアラビアに引き取りを打診しました。しかし王政を危うくしかねないとサウジに断られたため、次にアメリカに持ちかけた。ところがクリントン政権は、オサマ・ビンラディンを引き取って身柄を拘束する法的な根拠がないと断ってしまいます。

このクリントン政権が持っていたインテリジェンスと、同じ時期にモスクワのプーチンが持っていたインテリジェンスの深さには、かなりの差があるといわなければなりません。中東情勢に精通した人材を各地に送り込んで長期的なインテリジェンスを積み重ねてきたイギリスあたりと較べても、アメリカはヒューミント、工作員による情報活動の分野で大きく遅れを取っていると思います。

佐藤　インテリジェンスや情報力というのは、自分の弱いところをできるだけ隠して、強いところを実力以上に強く見せる技法です。したがって、軍事力が圧倒的に強い国には情報力が育ちにくい。情報力に頼らなくても、最終的には軍事力で何でも解決できてしまいますからね。その場合、情報の有無は、解決にかかるコストがどの程度かという違いにすぎない。ところがイスラエルのような小さな国が情報の判断を誤ったら、それこそ国家がなくなってしまいます。だから情報にものすごく敏感になり、情報力を真剣に育て、慎重に判断していくことになる。アメリカも、ソ連と張り合っていた時代は情報力を重視していましたが、冷戦終了で世界唯一の超大国となってからは無意識の驕《おご》りが生じて、情報力を弱めている。だから今回も情報のキャッチボールの中で狂いを生じてしまったのでしょう。同じようなことは、今後も起こると思いますよ。

第二章　ニッポン・インテリジェンス　その三大事件

TOKYOは魅惑のインテリジェンス都市

手嶋　「軍事大国はインテリジェンス小国になりがちだ」というラスプーチンの箴言《しんげん》。これにも異存はありません。とすれば、日本は軍事大国ではありませんから、潜在的にはインテリジェンス強国になりうる素質を秘めている。「非軍事大国にして経済大国はインテリジェンス大国たりうる」。ラスプーチンの箴言、改訂版です。日本はある意味では、インテリジェンスの「約束された地」なのかもしれません。だからこそ僕も、『ウルトラ・ダラー』という小説の舞台に東京を選んだのです。TOKYOは実に面白い。豊饒の地といっていい。あいだに二、三年はさんで、ほぼ二十年ぶりにこの街に帰ってきて、つくづくそう思います。インテリジェンスにかかわる者にとって、東京ほど魅惑の貌《かお》をした都市はそうめったにない。

佐藤　そうそう。そうでなければ各国の情報機関が膨大なコストをかけて人間を送り込むようなことをするわけがありません。情報機関は無駄なことにはびた一文も使いませんからね。ところが今の東京には、二十数カ国の情報機関がステーションを置いている。東京がどれほど情報機関にとって大事な都市かということが、それだけでもわかるでしょう。

外国の情報機関が四〇代半ばの諜報員《ちょうほういん》を東京に送り込もうと思ったら、ときには家でパーティをやらなければならないから、家賃が月に一二〇万円から二〇〇万円もする一等地の住宅に入れますよ。車もそれなりに良いものを用意する。一人置くのに、年間五〇〇〇万円くらいはかかりますよ。

手嶋 これだけ生活コストがかかる街にもかかわらず、これはという情報組織は一級の人材を送り込んできている。意外な、と思われるでしょうが、ヴァチカン市国は、隠れた情報大国です。近世の対日諜報報告は、古典に挙げられるほどの水準です。軍事力は皆無に等しいのですが、彼らが全世界に張り巡らしている聖職者のネットワークは、実に整ったものです。そのインテリジェンス能力にはいまも侮りがたいものがある。

佐藤 ヴァチカンは怖いですよ。正式の外交関係がないにもかかわらず、モスクワでもすごい仕事をしていますし。

手嶋 ところが日本政府は、彼らが東京で縦横な活躍をしていることにあまり気づいていません。東京には良質なインテリジェンスが世界から集まり、堆積《たいせき》している。それを当の日本政府が掬《すく》い取れないのでは、フランチャイズ制を生かしているとは言いがたい。これだけの舞台を活用する「装置」を欠いているからでしょう。ラスプーチン・テーゼに反して、「経済大国にして軍事小国、しかるにインテリジェンス小国」ということになってしまいます。日本という国家がこれから国際政治の嵐の中を生きていこうとすれば、卓抜したインテリジェンス・オフィサーを擁して戦い抜くほかはない。だが、現実を見渡すと、そのような人材は見当たらない。ラスプーチンも、小さな外務省批判や国策裁判にかかわりあっているときではありませんよ。

戦後だけ見ても、一九八〇年代あたりまでは、日本政府もかなりスクープ性の高いインテリジェンスのヒットを放っていたのですから。なかでも特筆しておくべきは、冷戦下のモスクワで、英国のSISや米国のCIAを出し抜いて、優れたインテリジェンスを連発したことです。ちょうど、安倍晋三首相の父上、安倍晋太郎さんが外務大臣だったころのことです。当時、晋三さんはサラリーマンを辞めて父上の下で政治家としての修業を始めていましたから、あの頃の雰囲気はよくご存知のはずです。安倍晋三外交のいわば揺籃《ようらん》期の出来事といっていい。これまでは一切外に明らかにされていなかったのですが、奮起を促す意味でさわりをほんの少しだけ紹介してみましょう。

七通のモスクワ発緊急電

佐藤　とりわけ一九八四年二月、当時のソ連最高指導者だったアンドロポフの死去を世界で最初に摑んだのは大きかったですね。

手嶋　政治学者の永井陽之助先生が『現代と戦略』（文藝春秋）で「モスクワ発日本外交の七連発」と評した、確かに一連のインテリジェンスは、スクープ史の中でも特筆すべき出来事でした。当時、アメリカやイギリスのクレムリン・ウォッチャーたちは、計り知れないほどのエネルギーと時間とお金をかけて、ソ連共産党の奥の院の出来事を追い続けていました。もちろん、ドイツやフランス、それに同盟国であるはずの東欧諸国も懸命にインテリジェンス活動を繰り広げていました。そうした強敵を相手に、無力と思われていた日本がまとめて出し抜いたのですから、諜報の世界に与えた衝撃は甚大でした。なぜ、そんな芸当ができたのか。外交の最前線を取材していた僕は、全貌をつかんでおかないわけにはいきませんでした。

まさにそのとき、獲物は向こうから現れたのです。ニックネームは、たしか、ハゲワシといったかな。

佐藤　手嶋さんが忘れるとは到底思いません。たしかハゲワシではなくハゲタカだったと思いますが、まあ、いいでしょう。ときには、立ち入りすぎないというのが、この世界の掟《おきて》ですから。

手嶋　私の記憶ではハゲワシ、ラスプーチンの記憶に従えばハゲタカが、私にアプローチしてきたのです。「これは決して明らかにできない極秘事項ですが、そう、公電を読んだだけでも、守秘義務違反に問われかねない」と――。「少しばかり南のほうの国なんですよ」と暗に、一連の極秘情報の発信源はユーゴスラヴィアだと誘導してきたのです。もちろん、これは本当に隠したい情報源をカモフラージュするための擬装工作でした。

たしかに当時の日本は、ユーゴスラヴィアから良質のインテリジェンスを取っていたのです。ハゲワシほどの手練《てだ》れの外交官が僕を誘導するのですから、これはまったくの嘘ではありません。それでは撒き餌になりません。しかし、本物の獣道は、別のところにある。そういう周到な擬装工作までして僕を遠ざけようとするからには、その背景にとてつもなく巨大な情報源が隠されていると、ラスプーチン流にいえば「見立てた」というわけです。

佐藤　今はもう誰にも迷惑がかからないので、明らかにしていい話でしょう。情報を取ったのは、元外務省欧亜局長の東郷和彦さんなんですよ。では、ニュースソースは誰か。この種の話はきちんとしておいたほうがいいと思うので、あえて踏み込んでお話ししますが、ロシアには科学アカデミーという組織があります。ロシアの最高学府はモスクワ大学で、そこでは東京大学よりもエリートの絞り込みが行われていますが、そのモスクワ大学よりもさらに絞り込んでいるのが科学アカデミーですね。たとえば民族学人類学研究所なら研究員は六〇〇人、大学院生は六〜七人しかいない。年によっては入学試験合格の該当者なしということもあります。つまり、そこの大学院（三年制）に入学すれば研究者もしくは大学教師の道が保証される。大学は教育研究機関ですが、科学アカデミーはそれより一段上の研究機関なんです。

その科学アカデミーの中に、東洋学研究所というのがあるんですね。日本の仏教研究などを行っているのですが、それと同時に、いわゆるオリエンタリスト（東洋学者）というのは各国の植民地支配の手先になったので、常に諜報と深く関係している。諜報員が擬装に使う研究所でもっとも多いのは、科学アカデミーの東洋学研究所なんです。

東郷さんは、そこにいたある研究員に目をつけた。ほかの大使館員は気づかなかったんですが、東郷さんは終戦時の外務大臣、東郷茂徳《しげのり》氏の孫ですから、外交官サラブレッドとしてのDNAを持っているんですよ。それで、「こいつはクレムリンの奥に入っているんじゃないか」とピンときたんでしょう。この研究員を情報源として摑んでいたんです。

アンドロポフのときは、テレビで暗い曲調の音楽が流れたり、出演者が黒っぽいネクタイをしていたりして、政治局員の中の誰かが死んだことは間違いありませんでした。ソ連は各国の情報収集能力をチェックするためにわざとそういうことをやるケースもあるんですが、そのとき東郷さんは、いつもと違う感触を受けたそうです。しかし、誰が死んだのかはわからない。そこで、その情報源に電話を入れたんですね。ふつうは重要なことを電話で話さないというのが常識なんですが、なかには盗聴されているのを織り込み済みで喋ることのできる人間もいるんですよ。それで東郷さんが「テレビの雰囲気がおかしいんですが、いったい何が起きているんでしょうか」と訊《たず》ねると、相手は日本語でたったひとこと、「天皇陛下です」と答えたそうです。

手嶋　死んだ人の名前どころか、誰かが死んだとも言ってない。

佐藤　しかし東郷さんはそれを聞いて、アンドロポフが死んだに違いないと判断した。

仕組まれたゴルビー訪日延期

手嶋　その頃、東郷さんが、東京サイドに頼みごとをしてきた。秋葉原である電化製品を買って外交行嚢《こうのう》でモスクワに送ってほしいと。「お友達」へのお土産です。お金をやり取りするのは危険です。しかも、その相手とは、お金をやり取りするような間柄ではない。

モスクワ発のスクープはお金で買ったインテリジェンスではないと、僕は見立てたわけです。やがて東郷さんは急遽《きゅうきょ》帰任した。それは通常の人事ローテーションより明らかに早いものでした。ああ、危険を避けるために、上層部が帰したな、と思いました。

佐藤　そうですね。確かお父さんの東郷文彦元外務事務次官の健康状態がよくないということで半年ぐらい早かったはずです。

手嶋　アンドロポフ死去の東郷電は、「極秘限定配布」の最高度の機密電報でした。おそらく当初は外務次官のところで止まって、安倍晋太郎外務大臣にすら、生の形ではすぐに渡されなかったはずです。それほどの重大な情報《インテリジェンス》でした。誰も触ったことのない情報源に触った東郷さんの身の上を本省では心配したのでしょう。ご本人も、大胆すぎてややセキュリティの感覚に欠けるところのある人です。そのために、上層部は、東郷召喚の決断をした。しかし、通常より早いタイミングでの帰任は、ソ連の当局にも異変を告げることになったのです。ただ、東郷さんの後任者たちにも、外交官としての野心はあります。外務大臣も注目するようなインテリジェンスの情報源は、なんとか引き継ぎたい。

佐藤　そうです。東郷さんの次に赴任したのはK氏でしたが、怖かったですよ、あの頃は。「イズベスチア」という新聞がコラムでK氏のことを取り上げて、「妻が一回しか履いたこ情報収集は進んでますか？」なんて書かれるんです。

手嶋　警告を発したわけですね。でも、この人はなんとか生き延びました。

佐藤　しかし、その次の人がやりすぎてしまった。その科学アカデミーの研究員に会おうとしたときに、外交特権を持っているにもかかわらずＫＧＢに拘束されるんです。そして、自発的な国外退去を勧告される。おそらく、状況の変化を見誤ったんでしょう。東郷さんの頃は当局の了承を得ながら情報を流していた相手が、ある時点から日本の懐に入ってしまった。だからソ連当局も見逃せなくなったわけです。

しかしこれには前触れのようなものがあって、実はその前にも「オデッサ事件」というのが起きています。この事件は、ペレストロイカが始まって二年目の一九八七年の八月に起きた。日本の二人の駐在武官が旧ソ連の港湾都市、オデッサを訪れた際、エイゼンシュテイン監督の『戦艦ポチョムキン』で乳母車が落ちていくシーンで有名な、例の階段に行った。上から見ると踊り場しか見えなくて、下から見ると階段しか見えない。すると下からロシア人の娘さんが何人か階段をのぼってきて、「写真を撮ってちょうだい」と言う。頼まれるままに写真を撮った瞬間に、私服警官がワッと集まってきて「重大な違反行為があったので署まで来い」と言ったわけです。

それで連行された先は警察署ではなくKGB。そこで「何を撮ったんだ。カメラを渡せ」と言われた駐在武官は、何も悪いことをした覚えがないから、正直に話せば大丈夫だと思ってカメラを渡した。ところがフィルムを現像してみると、なぜかそこに潜水艦が写っている。何十年も前のオンボロ潜水艦ですけどね（笑）。これがスパイ活動と見なされて、その駐在武官のうち一人は追放されてしまったんです。こういう空気があるときに、クレムリンに情報源を持っている危ない相手に会ってはいけません。KGBに拘束された外交官は、そのあたりの読みも甘かったといえると思います。

ただし、これにはさらに裏がある。一九八五年にゴルバチョフが登場して日本との関係改善を言いだし、翌年一月に外務大臣のシュワルナッゼが訪日しました。ここで北方領土問題に解決の兆しが見えてきたわけです。しかし「領土は血である」と主張するGRU参謀本部諜報総局は、これを阻止したい。そこで、対日関係を悪くするために事件を作ったんですよ。これはロシアで一九九八年に出版された暴露本、ヴィクトル・バラネッツ著『エリツィンと将軍たち』に書いてあります。どうして外務省がそれを翻訳しないのか不思議でしょうがないんですが、とにかく日本はその動きにまんまと乗せられてしまったというわけですね。結局、八七年に予定されていたゴルバチョフの来日は、九一年まで延びてしまいました。

愛人は引き継ぐべからず、情報源は引き継ぐべし

手嶋　僕はドイツの暫定首都だったボンに在勤していたことがありました。宰相コールは冷戦期に培った人脈を生かして、ドイツ統一を成しとげていきました。ところが、一方の日本は、対ロ関係を打開できず、北方領土問題を解決する糸口を見つけられませんでした。惨めなほどの失敗を犯している。対照的な結果でした。ドイツはソ連国内にしっかりとした情報源を持ち、対ロ人脈を築いていました。ベルリンの壁のプレリュードとなったハンガリーのピクニック事件が起きたときにはすぐにも動ける備えをしていました。ベルリンの壁が崩れる前から、かなり大胆な東方外交の布石を打ち始めていたんです。そして、ゴルバチョフがもっとも強大な権力を持っていたそのタイミングを見透かすように、大きな取引を持ちかけました。外交上の大胆なディールは、相手がもっとも強い権力を持っているときでなければできません。日本もそのチャンスがあったはずです。しかし、いま佐藤さんが言ったGRUのディスインフォメーションなどの対日工作にまったく有効な手を打

てませんでした。

そこで一つ佐藤さんに伺いたいのですが、日本の対外情報機関は外務省に委ねたほうがいいのか、あるいは別の機関が担ったほうがいいのか。

佐藤 別の機関じゃないとダメだと思います。私も現役のときは、外務省のアンブレラの中でやれると思っていました。イギリス的なノブレス・オブリージュが日本の外務省にあると思っていたからです。しかし残念ながら、それはない。顔が見えるとヤキモチが膨らみすぎるので、顔が見えないようにしたほうがいいというのが私の結論です。つまり対外インテリジェンスをやる人間は、外交の実務をやる人間とは切り離していたほうがいいということです。

手嶋 先ほどのモスクワ情報のケースでいえば、アンドロポフ死去のインテリジェンスをものにした東郷和彦氏も、外務省のロシア・スクールの中で一種の嫉妬を買ってしまった。それも後の事件の伏線になってしまったわけですね。

佐藤 ええ。モスクワで勤務した後、東郷さんは当時の調査企画部に入って、若い分析担当官として非常に高く評価されていたんです。私はその調査企画部を引き継いだ国際情報局に勤務していたわけですが、そこで古い書類を整理していると、若き東郷事務官が書いた分析調書や生情報が山ほど出てきます。ところがそこに、当時の東欧第一（ロシア課前身）課長が「こんなものは意味がない」と言わんばかりに躍起になって赤鉛筆で「このソースはKGBと思われるので信憑性がない」とか「別途、在莫《ばく》（モスクワ）大使館からも報告が来ているので新味がない」とかコメントを書いている。別にソースがKGBであってもその情報が正しければいいわけですし、モスクワと東京で情報をダブルチェックすることも意味があります。しかしこの東欧第一課長は東郷さんの業績を認めようとしない。明らかに男のヤキモチですね。

結局、東郷さんは仕事ができすぎたので、ロシア・スクールに近寄らせてもらえなかった。だから彼は課長になるまでロシア課に勤務したことが一度もないという、異例のロシア・スクールです。それまでは条約局とエネルギー課にいた。そしてペレストロイカでゴルバチョフが出てくるという状況になったとき、「もはや東郷しか日ソ関係を動かせない」という声が、ロシア・スクール以外の外務省幹部から出てきたんです。

さて、ここで重要なのは、インテリジェンスの世界で歩留まりはありますが、長いスパンでは必ず事故が起きるということです。しかし、事故後も同じレベルの人材を送れるような態勢を作っておけば問題はない。仮に東郷さんが追放になったとしても、エネルギーなり条約なり別のところで活躍して、もうロシアは触らなければいいんです。ところが日本外務省の場合は自転車操業で、たとえばロシア語のキャリアでも一年で二人というギリギリの人数しか作っていない。だから人事ルーティンが一人でも狂うと、もう組織としてワークできなくなってしまう。それをロシアに握られているから、それこそ人質にされてしまうのです。

手嶋 その意味では、小泉内閣時代に繰り広げられた北朝鮮のミスターXを介した交渉も、決してオーソドックスな外交とはいえません。外務省の担当局長がミスターXを極秘裏に独占してしまった。むろん、総理や官房長官が、他言してはならないと厳命した。さらには、ミスターXの命がかかっている、と言い訳はいくらもあったでしょう。しかし、情報源は、国家の資産です。この局長が何らかの理由で交替したり、相手との関係が急速に悪化した場合に、公的な情報源は、そこでサドンデスを迎えてしまう。したがって、やはりダブル・チャンネルを設定したり、二番目の情報源をそれとなく用意しておくのが、外交の常道でしょう。

佐藤 おっしゃるとおりです。常に最悪の事態を想定するのがインテリジェンスですからね。さらに、情報源との関わりについてきちんと記録を作っておくことが重要です。記録を作っていれば、引き継ぎができるんですよ。インテリジェンスの友だちというのは、あくまでも仕事の上の友だちなんですよね。後任者に引き継ぎが来るということは、プライベートな関係ではないということです。愛人は引き継がないですからね、きわめて特殊な例外を除けば（笑）。

スパイたちへの「贈り物」

手嶋　たとえば、先ほど東郷さんのお土産の話をしましたが、あれも本来なら公的な機関が徹底して担うべきなのです。

佐藤　ただ、それは東郷さんの思想なんです。東郷さんは、通常とは逆の意味で「公私混同」しちゃう人でした。これは東郷さんと一緒に仕事をした外務省関係者の中では有名な話だったんですが、あの人は蓄財しないんです。あの人の哲学だと、たとえば大使館員が本俸とは別に在外勤務手当を七〇万円もらっているとします。奥さんを連れていると二割増しだから、八四万円。この八四万円は仕事のための体面のお金だから全部使わないといけない、というのが東郷さんの哲学なんです。その中には仕事で使う贈り物代まで入っている。

手嶋　やはり、セキュリティのためには、公的な機関がお土産も含めてすべてをやらなくてはならない。でなければ、機密が抜けてしまう。

佐藤 そうなんです。だから私はモスクワに勤務したときに体制としてちゃんとカネを出せと大使館の同僚や上司と相当やりあったことがあります。敵は相当増えましたけど、そうじゃないと危ない。

手嶋 ラスプーチンのプレゼント。その中身がなんだったか、これは興味がつきないなあ。

佐藤 東京に任せておくと、ろくな物を送ってこないんですよ。七宝焼きの筆箱なんて、ロシア人は喜びません。ああいうのは日本国内に何か変な利権の絡みでもあるんじゃないかと疑いたくなるぐらいですね（笑）。じゃあ何がいいかというと、これは相手のレベルによって違いますが、まだ日本のことをよく知らないロシア人の入門コースとしては、日本の怪しげな土産物屋で売ってるようなヤツがいいんです。富士山をバックに厳島《いつくしま》神社が建っていて、その鳥居の横に芸者と桜の枝が描いてある時計とか、よくあるじゃないですか。ああいうピカピカなオリエンタリズムが、初心者には喜ばれるわけです。最初は東京の同僚に「そんな下品な物は買えない」と言われましたけど（笑）、下品だろうが何だろうが、まずは相手が期待する日本像から入らないといけない。リポビタンDなんかも、「東洋の魔法の強精剤だ」と言って持っていくと非常に喜ばれます。たしかにカフェインが入っているので疲れているときに飲むと目が覚めますから。こういうところから始まって、いいものだったら真珠のネックレスです。ミキモトの本格的なもの。それから、モンブランの万年筆やボールペンに相手の名前を入れてあげたこともあります。こういう物品を、相手にも組織としてやっていることがわかるように贈ることが非常に重要です。

ちなみに在日ロシア大使館も、日本人に琥珀《こはく》を贈ったりしています。それから、麻布台にあるロシア大使館の中で接待されるときの食い物がうまい。どんぶり鉢にいっぱいのキャビアが出てきますからね。キャビア接待は、関係者のあいだでは有名です。黒パンやサラミソーセージも、モスクワから空輸しているだけあって、ものすごくうまい。アレクサンドル・パノフ駐日ロシア大使がいた頃は、ボルガ河で獲《と》った一メートルもあるチョウザメをアエロフロート機で空輸して、ゼリー固めにして接待に使ったりしていました。相手もそれぐらいのことをやってるわけですから、当然われわれもやっていいわけです。外交やインテリジェンスの世界では、それが友情の証《あかし》として使われる。もちろん賄賂としても重要で、たとえば一万円札を「どうぞ」と渡しても受け取らない人がほとんどですが、「フランスに行ったら、あなたに似合いそうな物があったので」とエルメスのネクタイを渡すと、誰でも受け取ります。でもエルメスのネクタイって、一本四万五〇〇〇円するわけですよ。それを一〇本ぐらい受け取った頃に、相手はハッと気づくわけです。

手嶋 もう引き返せない一線を越えてしまった、と。そう気づいたときには、もう遅い。

佐藤 そうです。それから、人間の欲望で一番強いのは生命欲ですから、医療面でのサービスが実は効果的です。モスクワの日本大使館に勤務している医者や看護師はロシアの免許を持っていないので、外交特権ということでごまかしているとはいえ、現地では闇医者ということになります。ところが、そのレベルが非常に高いという風評がロシアの中で流れている。それで、たまにイラン大使なんかが「ちょっと体調が悪い」などと言って来るわけです。「イラン大使館に医務官はいないのか」と聞くと、「あまり信用してない」と（笑）。あるいは、「ロシアの政治家に頼まれたんで、日本の風邪薬をちょっとくれないか」といった話も来ます。そういえば、東郷さんから「棺桶《かんおけ》に糠《ぬか》を入れて送れ」という指令が来たこともありました。「ついに東郷も発狂したのか」などと言っていた人もいましたが、それはガンの民間療法に使うものだったんです。糠を発酵させてその中にいるとガンが治るという療法を、ロシア在住の日本人がやっていた。この糠療法に、ロシアの要人が関心を示したんです。たぶん、家族か友人がガンだったんでしょう。それで日本から糠を大量に送ったら、実際、調子がよくなったらしくて、また「東洋の神秘だ」ということになるわけです。どれだけ治療効果があるかはわかりませんが。

手嶋 まあ、プラセボ、つまり偽薬効果というのもありますから。薬だと思って服用すれば、三〇パーセントは砂糖水でも効く。鰯《いわし》の頭も信心から、というのは、至言なのです。

佐藤 いずれにしろ東郷さんという人は、誰に教えられたわけでもなく、そういう天才的な感覚を持っているんです。彼のそういうインテリジェンス感覚から、僕もいろいろなことを学びました。

運命を変えたテヘラン発極秘電報

手嶋 では、その東郷和彦さんに続いて、次は斉藤邦彦さんというユニークな外交官にご登場願いましょう。『外交敗戦』（新潮文庫）というノンフィクション作品に詳しく書きましたので、興味のある方は、お読みください。ここでは、核心部分だけを紹介します。

一九九一年の第一次湾岸戦争勃発《ぼっぱつ》の際、テヘランから打電された超弩級《ちょうどきゅう》のインテリジェンスが斉藤邦彦電でした。アンドロポフ死去の報を世界に先駆けて伝えた東郷和彦電に匹敵するクリーンヒットです。湾岸戦争の開戦前夜、多数のイラク軍機が編隊でイラン領内に飛来したという情報を、在テヘラン日本大使館がいち早くキャッチしたのです。

クウェートに侵攻したサダム・フセイン軍に対して、国際社会は結束して無条件で撤退するように求めていました。しかし、イラク軍は、そうした声に耳を貸そうとせず、戦争が始まろうとしていました。そのまさに前日、夥しいイラク空軍機が、アメリカ軍のレーダーに捕捉《ほそく》されないよう、超低空でイラン領に入ってきたのです。イラクは、少し前までイランと長期の戦争を戦っていました。にもかかわらず、イラン政府は、イラク軍機を大量に受け入れたのでした。大きな岩山の横腹をくりぬいて造った格納庫に、イラク機が続々と入っていく。両国のあいだに何らかの密約があると見なければなりません。

中東の大国イランは、まさにイラクの策源地になろうとしていました。翌日から戦争に突入しようとしていた米軍にとっては、まさしく青天の霹靂《へきれき》でした。戦略を根本から見直さざるを得ないような緊急事態です。もし、イランという大国が、背後にあってイラクを支援し、そこを宿営地としてイラク軍機が飛んでくれば、米軍を中核とする多国籍軍は、背後を衝《つ》かれることになってしまう。

その重大情報を、テヘランの日本大使館が察知できたのはなぜか。ワシントンから事態を注視していた僕は、戦いの後、日本に戻って一つ一つ裏を取り検証しました。

テヘランの日本大使館では、ペルシャ語の専門官たちがきわめて良質な情報源を培っていた。そして、代々、情報源を引き継いでいたのです。そうした素地があったため、重大な事態を把握することができたのです。あれから十数年の歳月が経ちましたが、いまだに機微に触れるものもあり、僕としても情報源についてはこれがお話しできる限界です。

さて、問題はこの重大情報をどうさばいたか、です。並みの大使なら、あまりの情報に、震えあがって、自分で動こうとするでしょう。裏を取って打電しようと考えるのです。しかし明日にも戦争が始まるという状況です。そんなことをしている余裕はない。そんな方法もないのです。信頼すべき情報源がそう言っている、という事実があるだけです。インテリジェンス活動の難しさは、情報を入手するだけでなく、それをいかに扱うかにあります。結果的に斉藤大使はそれを直ちに打電したのです。それは、ホワイトハウスにも伝えられました。そうするには本当に度胸が要ったと思います。

佐藤　ヒューミントの基本は単純で、考えるべきポイントは二つだけです。たとえばイラン政府の内部事情をA氏という情報源を介して入手しようとするなら、まず、そのA氏が本当にイラン政府内部の真実を知ることができる立場にあるのかどうかというのが一つ。二つめは、A氏がその立場にあるとして、そこで知った情報をこちらに正確に教えてくれる人物なのかどうかということです。この二点が満たされなければ、A氏からの情報は信用できません。

とくに気をつけなければいけないのは、真実を知る立場にはいても、こちらに伝えるときに話を誇張したり、組織の指令によって故意に歪曲《わいきょく》した情報を流す人間がいるということです。それを自らの目で見極めるのが、インテリジェンスを扱う人間に求められる眼力です。そして斉藤大使は、日頃から大使館員やその情報源の信頼性についてきちんと把握し、「こいつが持っているこの情報源は大丈夫だ」という判断を下していた。その上で、国益のためには裏が取れなくても報告しておくべきだと考えたんですね。このあたりは、やはり斉藤さんの偉大なところだと思います。

手嶋　豪胆にして果断な斉藤大使だからこそなしえたのでしょう。ふつうの人なら、つい慎重を期したくなるでしょう。他の人間にも裏を取らせるとか、自らイランの外務省に出かけていって様子を探るとか、してしまうものです。いずれも、気休め以上の意味はないのですが。

佐藤　あるいは、ちょっと報告の内容を緩めるとかね。

手嶋　しかし斉藤大使は衝撃的な情報をそのまま打電し、それがワシントンにも転電されて、高く評価されました。ブッシュ政権の統帥部にいたブレント・スコークロフト国家安全保障担当大統領補佐官は、「第一次湾岸戦争を通じて、テヘランの斉藤邦彦はわれらが拠《よ》りどころだった」と私に話していました。

ただし、斉藤大使の役割は、第一打で終わったわけではありません。イラク空軍機を受け入れたイラン政府首脳の意図が奈辺《なへん》にあるかを見極めなければなりませんでした。イランは果たして局外中立を守るのか。それともイラクと共に戦うのか。これによって戦局は一変してしまいます。太平洋戦争でいうなら、ソ満国境に進出して対ソ戦争を戦うのか、それとも南進して英米と戦うのか、と同じぐらいの重みを持っていました。そして斉藤大使は、「イランは湾岸戦争を通じて局外中立を守り抜くだろう」という見通しを打電しています。

グレート・ゲームの国々

佐藤　イランとしては、日米軍事同盟についても承知した上で、それがアメリカに伝わるという前提で日本に伝えているわけです。もちろん、「この意向をアメリカに伝えてくれ」などと余計なことは言いません。そこを問わず語りにするのが、インテリジェンスというものですよね。問わず語りの話なんです。

いささか話は逸《そ》れますが、私自身、二〇〇一年に似たようなことを体験しました。九・一一のテロが起きてから一週間ぐらい経ったときです。小泉首相からの指令が入ったんです。鈴木宗男さんが官邸に呼ばれました。当時は田中眞紀子さんとの戦争が起きて、小泉さんは「もう北方領土のことはいい」という感じになっていましたから、鈴木宗男さんを官邸に近寄らせなかった。にもかかわらず、同時多発テロが起きたのを受けて、鈴木さんに「あなたのロシアのネットワークと中央アジアのネットワークを使って、力を貸してくれ」と言う。つまりアフガニスタンとの関係で日本がいまやるべきことは何か、ということです。すると鈴木さんはこう言ったんです。「タジキスタンを押さえろ」と。当時のタジキスタンはどういう状況だったかというと、アメリカからはほとんど「悪の枢軸」に近いような目で見られていました。アメリカは小さな仮住まいみたいなところに臨時代理大使を置いているだけで、正式な大使館すら置いてないんですよ。なぜなら、タジクというのはロシアの軍事同盟国で、国境警備は全部ロシア軍に依頼していたんです。だからロシアの傀儡《かいらい》政権だと見られていた。しかもラフモノフ大統領は共産党の幹部出身で、人権弾圧をするとんでもない奴だという認識だったんですね。

鈴木さんがそのタジキスタンを押さえろと言ったのは、アフガニスタンのタリバーンが基本的にはパシュトゥーンという民族の流れだということを知っていたからです。パシュトゥーン人はアフガニスタンからパキスタンにまたがって住んでいる民族です。タリバーンとオサマ・ビンラディンの一派に対立していったのがタジク系のアフガン人です。したがって、アメリカはタリバーンを、タジク人を使って封じ込めることになる。タジク人はアフガニスタン北部とタジキスタンにまたがって住んでいます。タジキスタンの基地からアフガンを叩くしかなくなるんで、ラフモノフ大統領を完全に味方につけなければいけない。そういう話をしたら、小泉さんが「それをよろしくお願いする」と言うので、私が鈴木さんに頼まれて総理親書を作ることになったんです。もちろん外務省組織の決裁はきちんと取りました。

で、その親書を持って、鈴木さんがラフモノフ大統領に会った。するとラフモノフ大統領が「いま初めて明らかにするのだが、実は米軍に基地を貸し、タジク上空を対アフガン・オペレーションで使わせることを決定した」と言うんですよ。鈴木さんが「その話は外で待っているマスコミに話してもいいですか」と聞くと、「どうぞ」と。それで鈴木さんが話をしたら、イタルタス通信も共同通信もロイターもＡＦＰもみんなトップで報じたんです。その後の鈴木さんがふるってましたね。「ラフモノフは計算したな。ここはアメリカと手を組まないといけない。しかし、ロシアの頭越しにいきなりアメリカがタジクで軍事行動を始めて、プーチンがヘソを曲げるのは怖い。かといって、ロシアに内報してから始めたとなると、アメリカの信頼を勝ち取りえない。そこに、アメリカの軍事同盟国の総理特使であり、プーチン大統領と個人的な信頼関係もあるオッサンがやってきた。だったら、このオッサンに話させればいいというわけだ。いい調子で使われたな」と情報を分析してましたよ。私は「先生、シルクロードでしたたかに生きてる民族は恐ろしいんですよ」と言っておきましたけどね。そんなふうに駒《こま》として使われたわけです。しかし、悪い使われ方ではなかったですね。

東京が機密情報センターと化した九月一一日

手嶋 あのときの鈴木宗男・ラスプーチン組の活躍には、その前段がありました。九・一一事件の直前に、まるで事件のありようを予告するかのように、特異な爆殺事件が起きた。これは佐藤さんの守備範囲ですから、詳しく説明してください。

佐藤 あれはまさに九・一一事件が起きた日の朝のことです。鈴木宗男さんから電話がありました。鈴木さんとは拓殖大学の先輩後輩の間柄にある高橋博史さんという国連のアフガニスタン専門家から連絡があって、アフガニスタンの北部連合指導者、マスードが自爆テロで殺されたらしいという。それで、「これからアフガニスタン情勢が急激に動くかもしれないから、ちょっと注意してくれ」という話でした。その十数時間後にテレビをつけてみると、急にＮＨＫニュースがワシントンに切り替わって、われらが手嶋龍一ワシントン支局長が登場する、というわけです。

手嶋さんが解説しているあいだに三機目がペンタゴンに激突し、ＮＨＫのテロップでは「パレスチナ解放民主戦線（ＤＦＬＰ）が犯行を声明」という誤報が東京に流れました。その段階で鈴木さんに電話したんです。「一体どうなっているのか」と鈴木さんに問われて、私はこう答えました。

「まだ確定的なことはいえませんが、常識的な線からいってイスラム原理主義でしょう。アルカイダの線です。ならば今朝の話とも連動しているので、タリバーンもグルになっている。ただ、もう一つだけ潰しておかなければいけない線があります。オクラホマシティ連邦政府ビルを爆破した白人過激派という可能性が、非常に少ないとはいえゼロとはいえない。ただしＮＨＫで流れているパレスチナ解放民主戦線の線は除外したほうがいいと思います。中東の友人に確認したところ、意志はあるけど能力はないということでした」

そういう話をした相手は鈴木さんだけではありません。インテリジェンス業界のコミュニティというのは面白いもので、その日のうちに、ロシア、アメリカ、ドイツ、イスラエルなど、あちこちから電話がかかってきました。というのも、その時点でマスード爆殺について詳しい話を知っていたのは日本だけだと思われたので、情報を入手した日の午前中に各国の専門家に流したんです。そうすると各国の情報のプロたちが「お礼」の意味も込めて最新情報を日本にくれる。だからあのときは、東京が一つの情報センターになったわけです。そのネットワークの中で話をした結果、満場一致で「これは基本的にアルカイダの犯行である」という結論になりました。

大韓航空機撃墜事件をめぐる「後藤田神話」

手嶋　第一次湾岸戦争のときにテヘランにいた斉藤邦彦チーム。九・一一事件の当日に東京を情報拠点にしていた宗男・ラスプーチンチーム。いずれも日本がインテリジェンスに関して高い潜在能力を持っていることを示してくれました。

その一方で、日本のインテリジェンス能力の脆弱性《ぜいじゃくせい》を露《あら》わにした事件も挙げておかなければなりません。一九八三年に起きた大韓航空機撃墜事件がそれです。

ただし世間的には、いまだに一種の成功物語として語り継がれています。あるノンフィクション作品では、自衛隊が傍受した通信記録をもとに、日本政府が情報を駆使して、大韓航空機の撃墜を頑《かたく》なに否定するソ連当局を追い詰めたと描かれています。しかし、これは虚偽に満ちたストーリーといわざるを得ない。当時、官房長官だった後藤田正晴さんが書き上げた筋書きの部分がある。

佐藤　あの事件では、戦後日本のインテリジェンスの悪い部分が集約的に表れてしまいました。使わなければいけないところでインテリジェンスを使わず、使ってはいけないところでインテリジェンスを使ってしまったんです。

手嶋　では、その大韓航空機撃墜事件とは何だったのかということを事実に即して検証していきましょう。

佐藤　一九八三年九月一日に、ニューヨーク発ソウル行きのＫＡＬ００７便、大韓航空のジャンボ機ボーイング７４７がソ連領空を侵犯して、サハリンのモネロン島沖上空で戦闘機によって撃ち落とされた。話はそこから始まります。

手嶋　そのとき、撃墜を示すソ連側の交信を稚内《わっかない》で傍受したのは、調別、つまり調査第二課二部別室と呼ばれる陸上自衛隊の電波傍受機関でした。

佐藤 かつて調査部第二課別室（調別）と呼ばれていたところです。

手嶋 このチームが、「領空を侵犯した大韓航空機を撃つ」というソ連軍機の生々しい交信を傍受し、テープに録音した。決定的な証拠です。この交信記録を防衛庁を通じて当時の後藤田官房長官、中曽根総理に伝えました。後藤田長官は、これは門外不出の最高度のインテリジェンスだと考えたはずです。ところが驚くべきことに、アメリカのレーガン政権は、「この決定的な証拠を国連でも明らかにし、ソ連側を追い詰める」と日本政府に伝えてきたのです。日本時間の午前九時に記者会見を開いて公表するというわけです。日本の電波傍受機関が取ったインテリジェンスをアメリカが公表する。この情報に後藤田官房長官は愕然とします。日本側は了解を与えていないはずだ。そもそも日本の最高度のインテリジェンスだ。いくら同盟国とはいえ、なぜアメリカに交信テープが渡っているのか、と。

佐藤 かつての調別の施設はもともと米軍のものを引き継いだので、そこにはアメリカの将校も同居していたんです。

情報の手札をさらした日本、瞬時に対抗策を打ったソ連

手嶋 つまり稚内にあった「調別」の電波傍受機関は、アメリカ軍の下請けと化していた

のです。取った情報の全てがアメリカ側に自動的に流れるシステムができていた。これは主権国家にあるまじきことです。後藤田官房長官の怒りは当然です。日本が得た情報をアメリカがさも自前の情報のようにして利用するとは何事か、というわけです。

そこで後藤田さんはリカバリーショットを打った。急遽、八時半から記者会見を開いて、その内容を公表しました。当初は公表する意志がまったくなかったのですが、国家の財産を横流しされ、アメリカが勝手に使ってしまうのに対抗して、向こうより三〇分だけ先んじて発表した。それが後に「インテリジェンスを使って縦横な対ソ情報戦略を繰り広げた」と高く評価される背景となります。実態はそんな謳《うた》い文句とは程遠いものでした。主権国家として恥ずかしいかぎりです。情報管理の甘さをひた隠し、からくもメンツを守ったにすぎません。本来なら、アメリカに情報を勝手に使われた経緯を明らかにし、今後の教訓としなければいけないのです。ところが、それをたくみに覆い隠してしまった。

佐藤　あとで露見するような「作り話」というのは、インテリジェンスの世界ではもっともやってはいけないことです。日本が主導的にインテリジェンスをやったのでなければ、後知恵で事実と異なるストーリーを作ってはいけない。ただ黙っていればいいんです。

手嶋　そのとおりです。あのとき、日本がソ連の交信を傍受していた事実がわかったことで、ただちにソ連側は周波数を変更してしまった。新しい周波数を割り出すために日本はかなりの歳月をかけなければなりませんでした。

佐藤　周波数を変更しただけではありません。後藤田さんが、傍受した通信が暗号ではなくパイロットの「生の言葉」だったことまで明らかにしてしまったために、それ以降、ソ連は生の言葉を一切喋らないように変えちゃったんです。傍受する側にとっては、こっちのほうがキツい。たとえば「攻撃する」は「六二四番」といった具合に符号を決められ、しかもそれが毎日変わるような手法にされると、いくら傍受しても意味がわからないんです。暗号と違って、符号は解読がほとんど不可能ですから。

手嶋　それほど大きなダメージを日本に与えてしまったにもかかわらず、この「作り話」が仕立てられていった。「後藤田さんが独自の情報をつかんでいた」という神話となって、メディアでは取り上げられた。しかし実態は、ノンフィクション作家の取材に備えて、日本が主体的な情報活動を行ったように見せかけるために、あらゆる関係者と口裏合わせをしたのです。「おまえはこう言え」と役割を割り振り、みんなが後藤田さんの振付けどおり取材に答えた。取材する側は、この後藤田一流のディスインフォメーションにいとも簡単にやられてしまいました。ある意味では、後藤田さんの力量が取材する側をはるかに凌《しの》いでいたというべきかもしれませんが。

自国民への「謀略」――そのタブー

佐藤　「インテリジェンス」という言葉は日本語に翻訳するのが難しいんですが、その本質を一番よく表しているのは、戦前の陸軍参謀本部が使っていた「秘密戦」だと思います。その「秘密戦」を、当時は四つの分野に分けていました。一番目は積極「諜報」。これがポジティブ・インテリジェンスですね。二番目はカウンター・インテリジェンスを意味する「防諜」。そして三番目が「宣伝」、四番目が「謀略」です。後藤田さんがジャーナリストに対してやったのは、この「宣伝」と「謀略」を合わせた秘密戦なんです。しかし、宣伝と謀略は潜在的もしくは顕在的な脅威に対して行うものであって、自国民を対象に行ってはいけない。つまり、ターゲットを間違えているんです。

謀略で一番うまいやり方というのは、相手に全体像を組み立てさせることなんですね。人間は、自分で組み立てたものは可愛がるからです。ジグソーパズルを完成させた人がそれを喜んで飾るのも、そのせいでしょう。ひび割れの入っていない一枚の写真のほうが絶対にきれいなはずなのに、何千ピースもあるパズルを何日もかけて組み立てると、その絵は可愛くてしょうがない。よく考えてみれば、最初に完成した絵があって、それをガチャガチャに崩したわけですから、自前でその絵を描いたわけではないんですが、組み立てた人は大きな達成感を得ることができるんです。後藤田さんも、それと同じことを記者にやらせた。自分で描いた絵の断片を渡して記者に組み立てさせ、最後に自分が出ていって、真ん中の穴をカチッと埋めてあげたわけです。手嶋さんのような熟練ジャーナリストでなければ、その絵を疑うことはなかなかできません。

ところが、そんな後藤田さんが新聞のインタビュー記事で「謀略をやってはいかん」と言っているのだから面白い。一昨年、朝日新聞が自衛隊五〇周年の特集を組んだときに、後藤田さんがインテリジェンスについて統括的に語っているんです。その中で、現在の内調（内閣情報調査室）は使い物にならないから新しいインテリジェンス機関をつくるべきだという趣旨のことを言っているんですが、しかし謀略をやってはいけないという。謀略の専門家が何を言いだすのかと思いましたが、彼は自分が謀略をやっているという自覚がないんです。おそらく大韓航空機事件のときも、日本の政府を守るためにはそうせざるをえないと考えただけで、謀略という発想はなかったと思います。

しかし、そのターゲットさえ間違えなければ、謀略は必要なんです。第二次世界大戦中に、謀略の専門家として中国に情報ネットワークを作ったりした大橋武夫さんという人が、謀略とは自分の弱いところを隠し、強いところをできるだけ強く見せることで、実力以上の成果を挙げることだという意味のことを著書に書いています。実に正しい認識で、謀略という発想なくしてインテリジェンスは成り立たない。ただ、「謀略」という言葉の印象が悪いんですよね。

手嶋　謀略というと、たとえば敵対する国の元首を暗殺するといったような、陰惨なイメージがありますからね。そういう話と混同すべきではない。「対外情報機関をつくっても謀略はやらないほうがいい」という話になってしまいます。

カウンター・インテリジェンスとポジティブ・インテリジェンス

佐藤　だから、自分たちがやる謀略のことは「政策広報」とか「ロビー活動」と呼べばいいんです。敵がやるものを「謀略」あるいは「情報操作」と呼ぶ。やることは同じですが、印象はずいぶん違うでしょう。もし政策広報を否定して、積極的なオペレーションをしない情報機関をつくることになれば、それは情報収集のための情報収集をする機関になってしまいます。しかしこれは、後藤田さんのバックグラウンドを考えるとよくわかります。

後藤田さんはどちらかといえばハト派だと受け止められていましたが、あのメンタリティは内務官僚そのもの。つまり、カウンター・インテリジェンスのメンタリティなんです。後藤田さんに限らず、日本でインテリジェンスのプロと認知されている言論人には官僚出身が多いのですが、みんな内務官僚型ですね。

手嶋　読者のために説明しておくと、カウンター・インテリジェンスというのは、たとえば外国のスパイやテロリストが日本国内に入ってくるのを水際で食い止める。あるいは侵入してしまった者を監視し、摘発をするといった仕事です。日本では、このカウンター・インテリジェンスを主として警察の警備・公安機構が担っている。後藤田さんの存在感が大きかったのも彼らを握っていたからです。警察官僚の中でも警備・公安はいまも主流を担っているという印象があります。そういうカウンター・インテリジェンスの系譜の中で育った方々が、対外インテリジェンスを含めた情報機関について議論すると、どうしても出身母体のＤＮＡが出てきてしまいます。構想のスケールが狭くなってしまいがちです。

佐藤　カウンター・インテリジェンスとポジティブ・インテリジェンスはどこが違うかというと、カウンター・インテリジェンスをやる人はバックに捜査権があります。したがって、いざとなったら公権力を行使して、力によって封じ込めることができる。ところがポジティブ・インテリジェンスの人間は逆なんです。公権力を持った相手の脅威にさらされながら、ある意味ではたった一人でそれを打破するしかない。

以前、あるカウンター・インテリジェンスのプロに、「あなたはモスクワにいたとき、どうやってプロテクション（防衛）を取っていたのか」と批判的なニュアンスで言われたことがあります。「われわれの世界では、情報を取りに行く人を、周囲で車に控えたサポートチームが守っているが、そういうプロテクションをちゃんとやっているか」と言うんですね。それをやらない私のことが理解できないということでしょう。私は「では逆にお伺いしますが、あなたはモスクワや北京で仕事をしたことがありますか」と言いました。「モスクワや北京で情報源の人間に会うときに、何十台もの車を出して周囲を守るような態勢を取ったら、その瞬間に全員が拘束されますよ」と。そういう入口のところからして、まったく感覚が違うんです。

日本のカウンター・インテリジェンス能力は世界最高レベルにある

手嶋　後藤田さんはカウンター・インテリジェンスについては非常に詳しかったし、日本の警察は組織的にも手法としてもかなりの蓄積をしています。だが、それは対外的なポジティブ・インテリジェンスとは別のものです。

佐藤 日本の公安警察や外事警察は、間違いなく世界最高水準に近いレベルのカウンター・インテリジェンス組織なんですよ。G8諸国の平均以上の力量があると私は見ています。さすがにイギリス、ロシア、アメリカにはかないませんが、ドイツやフランスやイタリアあたりと比べた場合、決して遜色はない。

手嶋 フランスは警察国家で、内務省には相当な実力があるといわれています。そこと較べても遜色がないというのは、かなりの水準といえます。

佐藤 そうです。具体的な事例を挙げれば、二〇〇六年八月にニコンの技師が一人、書類送検されています。ロシア通商代表部の職員がその技師にアプローチして何回か接触しているうちに、本来は日本国外に持ち出したらいけない光学素子に関する自分の研究論文を渡していたという話なんです。これは警察がリークして、会社がその技師を窃盗罪で訴えるように誘導しています。

しかし、これはそう簡単に摘発できる事件ではありません。なぜかというと、新聞報道によれば、その技師はロシア人と十数回の接触をして飲食接待を受けていたんですが、受け取ったお金が合計で数万円しかない。十数回で数万円ということは一回数千円だから、これは交通費なんです。つまり、カネが欲しくてやったことじゃない。では何のためにやったかといえば、彼らには認知欲というものがあるんです。高い技術を持っている人たちほど、必ずしも自分たちが正当に評価されていないという意識を持っている。国際的なインテリジェンスの連中から見たら、そういった技術は軍事転用できるので、欲しくてたまらない。そういう両者の利害が一致して、この事件が起きた。しかし警察にすれば、スパイ防止法がない上に、技師たちの意識も低い現状では、この種の事件に歯止めがかからなくなるおそれがある。そこでこの事件を摘発することで、「これは国際的なインテリジェンスのテーブルマナー違反ですよ」ということを周知徹底しようと考えた。こういう会社の情報を外国人に流したりすると、職も失って大変になりますよ、と世間に知らしめたわけです。

手嶋　そんなに細かいことまで監視して、場合によっては摘発する。

佐藤　そういう意味では、警察の能力は本当に高いんです。しかし状況によっては、カウンター・インテリジェンスの文化が対外インテリジェンスのブレーキになるおそれがある。自発的かつ積極的に動くインテリジェンス・オフィサーは、カウンター・インテリジェンスの世界では潜在的な「スパイ」と見なされてしまう。それを徹底的に警戒して「何も起こらないのが一番いい」「謀略はやめよう」ということになると、対外インテリジェンスはできない。結局、カウンター・インテリジェンスと対外インテリジェンスは文化が違うので、切り離さざるをえない。一緒に動くと必ず軋轢が生じるんです。今後、新しいインテリジェンス機関をつくるのだとしたら、両者のバランスを為政者がうまくとることが大切だと思います。

第三章

日本は外交大国たりえるか

チェチェン紛争――ラスプーチン事件の発端

手嶋　インテリジェンスをめぐる事件史を検証したことで、現在の日本外交が抱える課題が自ずと明らかになりました。さらなる検証はもっとも事実関係に精通している分野で試みよ、といいますからラスプーチンが深く関わってきた対ロシア外交から始めてみましょう。

日本政府の対ロ外交は、明らかに暗礁に乗りあげています。冷戦の終結以降、北方領土はいま日本からもっとも遠くにある、といっていい。日本外交が、佐藤ラスプーチンという優れたインテリジェンス・オフィサーを喪《うしな》ってしまったことだけが原因ではない。今日の混迷を招いた責任は佐藤さんにもあると、僕は前から指摘していました。

日本の対ロ外交の迷走は、直接的にはチェチェン問題の処理をめぐる混乱に端を発しています。当時、鈴木宗男・佐藤ラスプーチン組は、外務省のエスタブリッシュメントと、この問題をめぐって全面戦争に突入しました。一九九八年のことでした。当時、ワシントンから事態の推移を注視していましたが、ああ、ラスプーチンは、連携の相手の見立てを誤っている。好漢惜しむべし。日本外交の本格的なプレーヤーとこそ組むべきなのにと思ったものです。

佐藤　そのチームには、鈴木宗男、佐藤ラスプーチンの他に外務省幹部の東郷和彦さんも加わっていました。そもそもチェチェン問題というのは、一九九九年まで、「チェチェン独立派対モスクワ」という対立の構図でした。しかし九八年頃から、アルカイダがチェチェン共和国に入ってきます。アルカイダに席巻されたら民族独立なんかできなくなりますから、チェチェン独立派としては、やむを得ず嫌いなモスクワと手を組むようになる。やがてイスラム勢力側は、チェチェンに隣接するダゲスタン共和国の山奥でイスラム原理主義国家の創設を宣言しました。ここまで盛り上がると、モスクワとしては断固として平定に乗り出さざるをえません。そこで、第一章でもお話ししたとおり、当時ロシア首相だったプーチン以下、情報機関も軍も「国際テロリズムが存在する。これは国境を越えたネットワークで、イスラムの帝国をつくろうとする本格的な武装原理主義運動だ」と主張したわけです。これに対して、アメリカやイギリスは「嘘だ。そんなものは存在しない。ロシアの人権弾圧や民族自決の抑圧の口実にすぎない」と主張し、ロシアと西側が対立したんです。

手嶋　アメリカ・イギリス流の見解に寄り添うのか、これを好機と捉えて対ロ関係の打開を図るのかという、勝負どころでした。

佐藤　当時の河野洋平外務大臣はハト派・人権派ですし、外務省でイスラム研究会を作ったように、イスラム諸国との関係を重視していました。一方の英米は、エリツィンが少し弱ってきたと思ったら秘密警察出身のプーチンというタチの悪いヤツが出てきたので、ここらでロシアのやりすぎを牽制《けんせい》しておこうと考えている。そこで外務省としては、河野大臣の意向も忖度《そんたく》し、英米とも協調して、G8の外相会議ではG7で団結してロシアを絞めてやろうということになったんです。

手嶋　外務省は、エスタブリッシュメントが取りまとめた結論を自民党の外交部会に持っていった。ところが、鈴木宗男さんに十分な根回しをしていなかったこともあって、両者は真っ向から激突した。外交当局としては、激しい論争の果てにチェチェンをめぐる政策的な見解をひとたび決めたのですから、鈴木宗男さんがいかに圧力をかけようが、断固筋を通すべきでした。しかし、惨めなことに、外務省の首脳陣は、一人抜け、二人抜けと、鈴木・ラスプーチンの軍門に降《くだ》っていきました。ただ一人を除いて。いわれているような土下座まではまさかしなかったと思いますが。

佐藤　いや、社会通念に照らせば、竹内行夫総合政策局長（当時）のしたことは「土下座」でしょう（笑）。床から三〇センチくらいの低いテーブルに、両手をついて頭を下げているところを目撃しましたから。

すたれゆく「官僚道」

手嶋 しかし、そうしたなかでも、節を屈しなかった人はいた。先ほど、日本外交の本格的なプレーヤーとこそ組むべきだと言いましたが、ラスプーチンは、まさにそういう人たちとこそ連携すべきだったと思います。ああ、惜しむべし。

佐藤 そこは認識が違うんですよね。なぜかというと、私は外務省よりもっと上のレベル、つまり内閣総理大臣からダイレクトに「鈴木さんとやれ」と言われていたわけですから。当時は小渕内閣で、実際には外務省幹部が私を小渕さんと鈴木さんに差し出したんです。小渕さんには官邸に呼ばれて「おまえはモスクワやテルアヴィヴなどあちこち動いて、情報を集めて俺に報告に来い。俺がいないときは鈴木宗男のところに行け。とにかく鈴木とちゃんとやれ」と言われました。当時の外務省事務次官と欧州局長と国際情報局長と官房長と総理秘書官の前で、「それがおまえの仕事だ」と命じられたんです。

手嶋 たしかに小渕首相の意向は重要なファクターでしょう。が、日本の外交は実態として、外交のエスタブリッシュメントが主導権を握っている。こと国際法の問題が絡んでくると、総理が何を言おうと、その見解が絶対的な基準になる。誤解のないように言い添えておきますが、僕はそうした現状を肯定しているわけじゃない。しかし、現状では彼ら外交のプロと連携しないかぎり、日本外交の舵取りに影響を与えることはできないのです。

佐藤　僕はそのような現状を打破したかったのです。官僚が内閣総理大臣の意向を無視するようでは民主主義の否定になってしまいます。官僚は選挙によって民意の洗礼を受けていないのですから、あくまでも政治指導部に従うべきです。私のこの感覚が他の外務官僚から見れば許しがたい差異だったのでしょう。

手嶋　いやいや、日本外交の意志を真に体現していた人々と同盟を組むべきだったのです。それはチェチェン問題が持ち上がったときに、なす術《すべ》もなく立ちすくんでいた東郷和彦欧亜局長などではない。苦しい局面でも外交上の信念を曲げない人たちです。そこの見立てを誤ったといわざるを得ない。

佐藤　手嶋さんのおっしゃることは、よくわかります。たしかに外務省で生き残るという観点からすれば、私は見立てを誤ったのでしょう。しかし国益の観点からは、私があのとき政治指導部に軸足を置いたのは正しかったと今も思っています。

少し話を戻せば、あのときは青天の霹靂のように鈴木宗男さんから電話がかかってきました。鈴木さんは「チェチェンはロシアの国内問題だという従来の方針を変更して、人権問題としてロシアに圧力を加えたらどうなるか。第一に、その見方は国際情勢の分析として正しいか。第二に北方領土問題にどんな影響を与えるか」という二つの質問をした。私は、一点目は「その分析は間違いです。ロシアのいう国際テロリズムは存在する。ロシアがタメにしている話ではない。イスラエルから聞いている話とも符合しています。イスラムのハンバリー法学派、スンニ〔正統〕派には四つの法学派があり、そのうちもっとも原理主義に近い派のことですが、その学派に属するワッハーブ過激派、サウジのオサマ・ビンラディンたちのネットワークが世界で何かをやらかそうとしており、間違いなくダゲスタンとチェチェンをその拠点に据えようとしています」と答えました。二点目は「チェチェンはロシアにとって死活的に重要だから、人権弾圧だと絞めあげれば北方領土交渉は止まります」と答えたんです。するとしばらくして、東郷和彦さんから電話がかかってきた。

「君は鈴木さんに何を話したんだ」

「これとこれの二つです」

「実は、あんたの意見は聞かなかったが、うちの役所でこう決めちゃって、いま鈴木さんとモメてるんだ」
「そんなことを言われたって仕方がない。私は分析専門家として、正確な見立てを説明しただけです」
そんなやり取りの後で、外務省の幹部たちから「鈴木さんが横になっちゃった。縦にできるのはおまえしかいないから、何でもいいからやってくれ」と言われたんです。もし、あのとき事前に外務省が一つの方針を決めたということを私が知っていたなら、おそらく私は自分の見立てをそのまま鈴木さんに伝えることはなかったと思います。

手嶋　ひとたび政治的に紛糾してしまえば、それまでの真っ当な議論は吹き飛んでしまう。そこが当時の外務省のダメなところでした。こうした混迷が日本の対ロ外交を疲弊させていったのです。そこにあるのは、外務官僚の自己保身です。僕は外交ジャーナリストですが、そんなものには寸毫《すんごう》の関心もありません。

佐藤　別に鈴木さんも私も外務省幹部をそれほど苛《いじ》めたつもりはありません（笑）。鈴木さんは、「このことで日ロ関係が停滞したら全責任を取るんだな？」と、幹部たち一人一人に聞いたんです。私は、「どうぞ全責任を取られたらいいんじゃないですか」と言いました。私は鈴木さんという人のことが全然怖くなかったから、ほかの人も怖がっていないと思っていたんです。外務官僚は、相手が鈴木さんであれ、小渕さんや野中（広務）さんであれ、国益のために必要なら対立を恐れずに自らの意見を述べる。そんな「官僚道」をわきまえていると思い込んでいたんです。

そして、ただ一人それをわきまえていたのが、先ほど手嶋さんが「一人だけ寝返らずに残った人がいた」と言った人物でした。現・外務事務次官の谷内正太郎さんです。

あるとき、私が鈴木さんに「俺の考えを伝えてこい」と言われて谷内さんのところに行くと、谷内さんはこう言いました。「私は鈴木さんには詫《わ》びない。鈴木さんの考え方は、外交論として一つの筋の通ったものだ。それを踏まえた上で、外務省の方針を決める。それで鈴木宗男さんとぶつかるならば、残念だけれども仕方がない」。それを私が伝えると、鈴木さんは「谷内はしっかり者だ」と言っていました。

谷内さんは鈴木さんと衝突したことがあるにもかかわらず、鈴木叩きには加わりませんでした。田中眞紀子さんにもすごく忠実に仕えました。しかし、田中さんにも過度にすり寄ろうとはしなかった。これはインテリジェンスの本質的な話に関わると思うんですが、谷内さん個人が突然変異なのではなくて、「谷内正太郎的なるもの」が外務省という組織の遺伝子としてちゃんとあるんです。その遺伝子を受け継ぐ人がトップになれば、インテリジェンスをやれるだけの体制は作れると思う。ところが体制はあっても、今度は人材がいない。前は人材はいたが、体制がなかった。このめぐり合わせが難しいんです。

竹島をめぐる凛とした交渉

手嶋　谷内正太郎という人は、やや、風変わりな人物です。麻生太郎外務大臣は、確か演説集の前書きで「かみそりのような切れ味とは、程遠い、ちょうど昼行灯《ひるあんどん》のような」とこれまた変わった人物評をしています。そして、竹島問題をめぐって、日韓、すわ実力行使かという緊迫した局面で、谷内カードを切っています。その後、安倍新内閣が試みた対中、対韓の修復外交でも、再び谷内カードを使っています。「昼行灯」によほど信を置いているのでしょう。

竹島問題では、外交のゴールキーパー役の外務次官が、相手側のゴールに出かけてシュートを決めたのですから、かなり異例といっていい起用です。このとき、谷内次官は二つのことを取りまとめてきました。一つは、日本が海洋調査船を出すことを中止し、韓国側も韓国名の表記の提案をやめること。もう一つは、日韓の排他的経済水域（ＥＥＺ）交渉を再開し、話し合いをすること。この二つ目がくせものです。韓国側が実効支配をしていると主張している領土を交渉のテーブルに乗せると約束させたわけですから。係争中の領土問題ではありえないことです。

佐藤 島を実効支配している側が話し合いに応じるのは、領土問題の存在を認めるということだから、日本にとってたいへん有利な話ですよ。だから私はあの直後に、新聞の連載コラムで「これは日本外交の久方ぶりの勝利である」と書きました。韓国にすれば、本当なら一切そんな話を取り上げなければいいわけですから。ところが向こうは、「竹島はわが国固有の領土だ」と主張する日本はけしからん、と言いだした。そこで谷内さんは、「じゃあ韓国はそちらの言い分をお書きなさい、日本も言い分を書きます」という入口まで持っていったわけです。一九六五年の日韓基本条約はもちろん、「紛争に関する交換公文」にだって、竹島問題なんてひとことも書いてありません。その竹島を戦後では初めて外交問題としてフィックスできる状況の直前まで持っていたんです。韓国のナショナリズムを逆用した外交官としての谷内さんの手腕は見事なものでした。

手嶋 「勝った者は決して白い歯を見せてはいけない。なぜならば、相手側が譲りすぎたことに気づき、交渉に禍根を残すからだ」。これは欧州に伝わる格言です。谷内次官はこうした教訓に淡々と従っています。一日目は一貫して「厳しい交渉だった」と言い続け、二日目も白い歯を決して見せようとしませんでした。交渉直後に、『週刊新潮』も『週刊文春』も揃って、「譲りに譲り続けた国賊だ」という批判を載せて、ナショナリズムを煽《あお》っていました。日露戦争以降、日本がその偏狭なナショナリズムによって国の針路を誤ってしまったことは、誰でも知っているはずです。しかし谷内次官は、一貫して「昼行灯」を決め込み、さして言い訳もしない。並の神経なら、つい「実は勝ったんだ」と言いたくなるところでしょう。

佐藤　ところが、私が「今回は外交の技法から見た場合に非常に立派なことをした。実効支配ができていない領土問題を、外交の土俵に乗せるというのは非常に重要なんだ」と書いたら、外務省の中で「佐藤は谷内を誉め殺しにしている。谷内を潰そうとして誉めている」という話が出たんです。だから翌週、続けてこんなことを連載コラムに書きました。

「私は、渡辺幸治元ロシア大使から『谷内だけには気をつけろ。後ろから平気で人をバッサリ斬《き》る人間だ。瀬島龍三仕込みだ』と言われたことがある。あとで調べてみると、谷内さんは外務本省の訓令に反し、アメリカとある経済交渉をまとめたことがあった。激怒した当時の外務省幹部が『こんな横紙破りは叩きつぶせ』と谷内さんを依願退職に追い込もうとしたのを、瀬島さんが『谷内は国益のため必要だ』とたしなめたということのようだ」

この一件が示すように、谷内さんは自らが国益と信じる道を、自己保身を排しても進む外交官です。そういう外交官が少なくなってしまったことは寂しい。誉め殺しとか、陰で佐藤は谷内と手をつないでいるんじゃないかとか、そういうデマを流す外務官僚は浅ましいと、私は書いたわけです。

「平壌《ピョンヤン》宣言」の落とし穴

手嶋 日本の対韓外交が壁に突き当たっているのは、対北朝鮮外交が隘路《あいろ》に嵌《はま》ってしまったことの裏返しです。小泉純一郎前首相は北朝鮮を二度にわたって訪問しました。だが、それは到底成功だったとはいえない。「平壌宣言」を肯定的な文脈で引用した外国人に一人として会ったことがありません。国際的には誰にも認められていない宣言です。

佐藤 私の評価はもう少し甘いです。いずれにせよあれは明らかな取引文書です。素直に読めば、「北朝鮮が拉致問題を解決し、大量破壊兵器の開発をしないと約束するならば、日本はおカネを出します」という取引です。だからといって、僕は取引文書だからダメだと言っているわけではありません。問題は、あれが取引文書であることを日本人が理解しているかどうかです。もちろん小泉さんは理解していたと思いますが、その取引の内容を国民が支持しているものかどうか。その基本的なコンセンサスについての国民的な議論、それはつまり国会で議論するということですが、そういった手続きを十分踏まえたのか。外務省の中でも、外交の専門家たちがコンセンサスを持ってやったかどうか。

手嶋　外務省の中でも明らかにコンセンサスを欠いていました。戦後の日本外交を良くも悪《あ》しくも支配してきたのは条約局です。条約官僚は、国際条約など国際的な約束の解釈や運用については絶大な権限を持ってきました。冷戦期には、外交案件でしばしば国会の予算委員会が止まりました。外交案件の場合、与野党攻防の最後の拠りどころ、いわばゴールキーパーは、内閣法制局ではなく外務省条約局でした。だから条約局長には、その時々の最強打者が送り込まれていた。ところが、「平壌宣言」には条約局がほとんど関与していません。条約局長が訪朝そのものを初めて知ったのが二〇〇二年八月二一日前後だといわれます。話が公になるのは八月末ですが、その時点で平壌宣言の文案はすでにかなり詰まっていたはずです。しかし、条約局を極力関与させようとしていない。

佐藤　私が見るところ、日本が積極的に関与して朝鮮半島に平和を作り出そうというのが平壌宣言の基本哲学です。そして、私はこの基本哲学そのものが間違いだと思う。朝鮮半島が平和であろうが戦争であろうが、日本にとっては、一般論として戦争より平和がよいという以上の意味はありません。なぜわれわれが北朝鮮と取り組まなくてはならないかというと、朝鮮半島に平和をもたらす必要があるからではなく、拉致問題が存在するからでしょう。拉致事件は日本人の人権が侵害されたのみならず、日本国家の領域内で平和に暮らしていた日本人が北朝鮮の国家機関によって拉致されたという、日本国の国権が侵害された事件です。日本人の人権侵害と日本国家の国権侵害を原状回復できない国家というのは、国家として存在する意味がない。

すべてに優先されるべき拉致問題

手嶋 対北朝鮮外交の最大の懸案が拉致問題だとするなら、拉致は「平壌宣言」に明記されなければなりませんでした。しかし、一行も書かれていない。

佐藤 だから、平壌宣言が示す取引は、目的と手段が逆転していることが問題なんです。目的は拉致問題の解決で、それ以外のことは手段でなければいけない。ところが平壌宣言は、「拉致問題と大量破壊兵器の問題が解決すればカネを出す」という手段によって、日朝国交正常化を果たし、朝鮮半島に平和を実現することが目的なんです。当時の小泉首相は、日朝国交正常化と拉致問題が切り離せない関係になっているなら大丈夫だと思ったのでしょうが、外務官僚が作った文章はそういう構成になっていません。

手嶋　平壌宣言の主要な骨格は、まず日朝間で国交正常化をし、北朝鮮に経済協力をするという点です。その国交正常化の前提条件として、核の問題と拉致の問題が取り上げられなければなりませんでした。ところが「平壌宣言」には、核ミサイルの問題は一応書かれていますが、拉致の問題はまったく書かれていない。これほど重要な拉致問題を「平壌宣言」に明記させることができなかったにもかかわらず、小泉首相は「平壌宣言」を発表してしまった。そのツケが、いまミサイル発射と核実験という形で出てきている。拉致問題にも進展がない。ノドンやテポドンが発射された段階で、日本政府は「平壌宣言」を破棄すべきだったのです。

佐藤　それは筋の通った考え方です。しかし、われわれ外交の実務にたずさわった人間は、一つの病気にかかるんです。「失敗っていえない病」という病気（笑）。この病気にかかると、どんなミスを犯しても、なんとかしてそこから日本の国益をプラスの方向に持っていけないかと考えてしまう。だから、外務官僚は誰も平壌宣言が失敗だと指摘しない。

しかし、これまでの日朝交渉は、日本側が目標とした成果がほとんど挙がっていません。

客観的に見れば、明らかに失敗でしょう。小泉訪朝後には、藪中三十二《やぶなかみとじ》さんと佐々江賢一郎さんが交渉に行きましたが、その直後に、横田めぐみさんの遺骨が偽物とわかった。あの一件で露呈したのは、要するに日本の外務省は北朝鮮側の内在的論理を汲《く》みとれていないということです。北朝鮮の外務省と人民保安省の関係を、正確に理解できていない。人民保安省をコントロールできるはずがない北朝鮮の外務省と交渉して、約束を取り付けたつもりになっていたわけです。非常に初歩的な、公開情報をベースとする交渉相手の組織の認識すらできずに、準備不足で行ってしまった。朝鮮中央通信、労働新聞（労働党機関紙）、民主朝鮮（政府機関紙）をきちんと読み、北朝鮮のインテリジェンス機関について書いたアメリカ、イギリス、韓国、ロシアの専門書をひもとけば拉致問題については人民保安省と交渉しなくてはならないということがわかるはずです。しかも、当事者だった藪中さんは異動になって、責任を取っていない。田中均さんも外務省を辞めて評論家になってしまった。

こんな外務省は、組織として終わっているといわざるをえません。ソ連共産党中央委員会とそっくりです。絶大な権限はあるんだけれど、責任は負わない。官僚というのは、放っておくとそうなってしまう。責任を取らせるには、政治が手を突っ込まないかぎり無理なんです。「政官の癒着が問題だ」「政治家はろくでもないんだ」と遠ざけていると、結果的に官僚にフリーハンドを与えることになってしまう。

ミサイル発射「Xデー」に関する小賢《こざか》しい対メディア工作

手嶋 北朝鮮がミサイルを発射した「Xデー」を日本政府は事前に知っていた——という情報が出回りました。知っていたとしても言わないのがインテリジェンスの嗜《たしな》みです。しかも、当局は知らなかったのですから、明らかに事実をたがえています。

佐藤 だいたい、あれは知らなくても致命的な話ではないと思います。

手嶋 事実、どこの国も知らなかったわけです。中国も北朝鮮から事前通報がなかったことを明らかにしています。アメリカも知らなかった。彼らは「情報面では奇襲だった」と言っています。衛星情報の多くをアメリカに依存している日本が知らなくても当然です。

佐藤 その通りです。日本の場合、こういったときに、「俺は実は知っていたんだ」というウソ話が多すぎる。商社マンだけではなく、政府までそれをやるんですから。

手嶋 ところが日本のメディアの検証記事でも、あたかも官邸がXデーを知っており、水際だった危機管理を行ったかのように書いていますね。

佐藤 ある全国紙は、当時の安倍官房長官がいつでも官邸に駆けつけられるようにハイヤーを雇っていたという事実を載せていました。危機に際して民間のハイヤーで対応するなんて、そんな国は他にないですよ。ふつうは当然ながら公用車、それも車に乗っている人物を特定されないように、差し込み方式でナンバープレートを替えることができるようになっているか、あるいはナンバープレートのついていない公用車です。それに加えてダミーの車が二台ぐらいあって、それらが常時待機しているのが当たり前。

手嶋 記事では、そのハイヤーを待機させていたということが、危機管理の心構えを示す良い例として挙げられている。インテリジェンスの水準の低さを世界にさらしてしまいました。

佐藤 明らかにマイナスの話で、インテリジェンスの観点からいえば、それ自体が国家機密に値すると思います。あんなことを明かしたら、「日本は危機管理用の車すらない体制なのか。そんなところで経費削減するなんて、変わった人たちだな」と思われます。

手嶋 どうしてそんな小賢しい対メディア工作なんかをする必要があるのでしょう。

佐藤 これは一種の文化だと思うんです。小学生のときから慣れ親しんできた優等生文化から抜け出せないエリート層がインテリジェンスの仕事をやっているから、こういうことになるんじゃないですか。みんな、誉められるのは好きだけど、叱られるのは嫌いなんです。でもインテリジェンスの仕事は、ときに叱られたっていいんですよ。結果として国益が守られればいいわけですから。

今回の場合、Xデーを知らなくても、大きな問題は起きていません。もしかしたらXデーを知ることはできたかもしれないけれど、そのためには、膨大なヒューミント・ネットワークを築き上げ、さらに北朝鮮が自国の船舶に流している航行警報の全てを分析するような六〇〇人規模の部局をつくって、日常的に通信傍受をしなければいけない。そこまでやっても、Xデーのような重大情報を摑める可能性は低いから、その部局の士気は低下してしまうでしょう。何よりも、国益上そこに何の意味があるのかわかりません。

そんな暇があるなら、次の動きにきちんと対応すべきでした。北朝鮮は二〇〇六年七月七日に、朝鮮外務省スポークスマン声明というものを出しています。この声明では、今後、他国から出てきそうな議論を一つ一つ丹念に叩き潰していたんですね。ミサイル発射の正当性のみならず、「われわれは『拉致問題』を完全に解決してやったにもかかわらず、日本側はわれわれの善意につけ込み、かつての対決路線に戻った。だからミサイルを発射した」と日朝平壌宣言にも踏み込んでいた。最後のところでは、「われわれは六カ国協議で問題を対話で解決していくということに関しては一度も外れたことがない」とゲームのルールを全部提示しています。

こうしたメッセージは、平均週一、二回更新されている北朝鮮のサイト『ネナラ（わが国）・朝鮮民主主義人民共和国』で読むことができるんですが、七月五日にその更新が止まり、七月一五日夜に再開されました。G8サミット（七月一五～一七日）を睨んでのことです。朝鮮中央通信や労働新聞には最新データが出ているんですが、どうも日本側はその辺の情報収集・分析ができていない。一五日に更新されたサイトの英語版、ロシア語版と比べてみると、日本語版は量が三分の一ぐらいなんです。つまり「ここが重要なポイントだぞ」とピンポイントで日本がわかるように要約してくれている。これはインテリジェンスの感覚からすると、かなりナメられている話なんです。

水面下で連動する中東と北朝鮮情勢

手嶋　北朝鮮のミサイル発射については、その実験が成功したとか失敗したとか、技術的な議論に傾きがちです。しかし一連のメッセージを考慮すれば、彼らの政治的な狙いは半ば達成されたと見ていい。中東にずっと足を絡めとられていたアメリカの関心を、自分たちのほうに引き戻したわけです。日本は、アメリカがイラク戦争の躓きで、東アジア情勢にかかわる余力を失っているアメリカの関心を引き寄せられずにいる。北朝鮮は、少なくともアメリカの眼をひとまず朝鮮半島にひきつけることには成功したといえるでしょう。北朝鮮の狙いは明らかです。米朝の二国間の交渉を何としても実現し、それをテコに金正日体制をどうしても保全したい。よくこれを「瀬戸際外交」と呼びますが、正しくは「弱者の恫喝外交」というべきでしょう。

これに対して、アメリカのブッシュ政権は、一種の積み残し戦略ともいうべき方針を採ってきました。まずイラクの治安と秩序を回復し、イランの核開発を押し潰したい。この間は、朝鮮半島はとりあえず放っておく。一種の積み残しです。

したがって、北朝鮮に限っては、イラクのように予防的な先制攻撃はしないという構えを取ってきました。超大国アメリカといえども、中東と東アジアで二正面作戦を同時に遂行しうるだけの余力はないのです。したがって、アメリカのような超大国としてはきわめて珍しいことに、北朝鮮に対してミリタリー・オプション、つまり、力の行使の選択肢をはじめから取り除いてきたといっていい。北朝鮮はそうした実情を読んでいるため、アメリカの言うことを聞こうとしなかった。六者協議にも戻ってこないし、国連の非難決議もわずか四五分後に全否定しました。
　その果てに、北朝鮮はついに地下核実験まで強行してしまった。これによって、東アジアの戦略環境はおおきく変わってしまったといっていい。さしものアメリカもこれまでのような「積み残し戦略」を続けることがかなわなくなってしまった。
　国連決議も経済制裁の根拠となる七章四二条決議を採択せざるを得なくなったのです。そして船舶検査に進まざるを得なくなっている。決議自体は大変に弱い内容なのですが。
佐藤　四五分後に全否定というのは、すごいことです。そんな短時間で北朝鮮本国と協議できるはずはありません。つまり、大使に全権が付与されていたわけです。ということは、北のほうは予め《あらかじ》相当なところまでシナリオを読んでいる。もう一つ重要なのは、中東と北朝鮮のリンケージ（連繋《れんけい》）が日本に見えていないことです。ミサイル実験が成功したか失敗したかを考える上で大事なのは、スカッドと日本を射程に収めるノドンは五発の連射に成功したということでしょう。その発射現場に、イランのバイヤーが一〇人以上来ていたという情報があります。
手嶋　取引のために、目の前でノドンの性能を見せたということですね。
佐藤　そこで重要なのは、イランの「シャハブ３」というミサイルがノドンのコピーだという「公然の秘密」です。つまり、日本がODA（政府開発援助）やアザデガン油田開発でイランに落とす金が、北朝鮮のミサイルを向上させることに使われる可能性がある。ですからイランから石油を買う場合でも、それが大量破壊兵器の拡散につながらないという言質《げんち》を取りながらやらなければいけません。

手嶋　その点で注目すべきは、「X55」というウクライナ製の巡航ミサイルです。ウクライナ政府は、X55がイランと中国に少なくとも六基ずつ流れたことを認めている。未解明ですが、そのうちのいくつかが、最終的に北朝鮮に流れている可能性がある。別のルートもありますから、北朝鮮に渡っている可能性はさらに高い。

佐藤　これは、つい最近、NHKに長くおられた記者が書いた小説にも書かれていましたね。イランと中国に流出したX55のエンドユーザーがわからない、という話です。それが北朝鮮に流れているのではないか、しかも、それを偽札で購入しているというカラクリがあるのではないか、という小説でした。これはおそらく、まったく偶然の一致でしょう（笑）。しかし、ロシア筋もそれは事実だという情報を流しています。日本でベストセラーになった小説のインパクトをロシアも知っていますからね。プーチンが賢いのは、隠しおおせない事実を全部明らかにする点です。早く平場《ひらば》に出しておく。もちろん、ロシアが本当のところ何をやっているかはわかりませんが。

「推定有罪」がインテリジェンスの世界の原則

手嶋　北朝鮮はプルトニウム型の原子爆弾の実験を行った。そのうえ短・中長距離ミサイルも不完全ではあるが持っている。しかし、一〇〇キロトンともいわれる核弾頭を載せて運ぶのは難しい。運搬手段を備えた核兵器の体系を確立しているとまではまだいえません。そこが最大の弱点です。ただし、北朝鮮が巡航ミサイルを持っていないならば、という留保条件をつけなければなりません。巡航ミサイルさえ持っていれば、核を搭載して正確にピンポイントで運ぶことができます。X55の脅威というのは、それほど大きいといわざるを得ないのです。

佐藤　その場合、北朝鮮が巡航ミサイルを持っているかどうかについては、「推定有罪の原則」に立たなきゃいけないんですよ。私は刑事被告人ですが、こうやって手嶋さんとお話ができるのは、「推定無罪」という原則が働いているからです。しかしインテリジェンスの世界でそれは通用しない。X55が六基ずつイランと中国に出ていて、エンドユーザーがわからない。一方でそれを持ちたいと思っている国がある。その国には購入するための経済的な能力もある。となれば、北朝鮮をクロとして見ておくべきなんです。

手嶋　国連安保理決議に向かうプロセスで、中国はロシアをずっと抱え続けましたよね。中ロは、一貫して日米の決議案に拒否権を発動する構えを見せてきました。日本はアメリカを抱え続けられず、中国と手を組ませてしまった。もし佐藤さんが今回、インテリジェンス・オフィサーとして日本政府内にいたなら、ロシアと中国のあいだに楔《くさび》を打ち込んで、両国を離間させる方法はあったでしょうか。つまり、ミサイル発射をめぐって、安保理に北朝鮮制裁決議案を提出した上でロシアに拒否権を行使させない具体策があったかどうかということです。

佐藤　あったと思います。しかし日本は、G8サミットと安保理の決議の「順番」を間違えた。安保理決議はサミットの後でよかったんです。というのも、サミットというのは文書をまとめあげることができなければ失敗なんですが、今回はロシアが議長国でしたから、こちらは「サミットの成功」という人質を持っていることになる。そこで、他の参加国を眺めれば、基本的に日本が北朝鮮のミサイル発射に対して強い制裁を含む表明をすることに積極的に反対する国は一つも存在しません。もちろんアメリカは強くサポートしてくれます。ロシア一国を説得すればいい。ここで制裁を盛り込んだ決議文を作って、「これと同じラインで決議しよう」と安保理に持っていけば、ロシアは自国がまとめた文書ですから、拒否はもとより棄権することもできません。中国は完全に孤立するわけです。

そのときのロシアとの取引材料は、チェチェンです。サミット開催前、七月一〇日にチェチェン独立派の強硬派指導者、シャミル・バサエフ司令官をロシア軍が暗殺しました。プーチンは恐る恐るやったんです。居場所は前から把握していましたが、バサエフの後ろには国際ネットワークやNGO（非政府組織）が控えていますから、そんなに乱暴なことはやりづらかった。そこで、北朝鮮のミサイル発射で世界が騒然としているドサクサを狙ったわけです。本当はそこで西側諸国が「なぜ法的手続きに基づいて対処しないのか」「ロシア政府の人権意識はどうなっているのか」と大騒ぎしなければいけなかった。そこをある程度抑える代わりに制裁決議を入れさせるという、一種の取引が必要だったと思うんです。

腰砕け日本の対中外交に必要なのは「薄っぺらい論理」

手嶋　日本外交にとって主戦場ともいうべき対中国問題について見ていきましょう。佐藤さんは以前から、日本は中国に対して腰砕け外交をしていると手厳しい。靖国参拝を強行した小泉さんは、一見、強気だったようにも見えます。それでもなお「腰砕け」と断じるのはなぜでしょう。

佐藤　外交というのは「薄っぺらい論理」が重要だと思います。たとえば二〇〇五年春に、北京の日本大使館や上海の総領事館が民衆に襲撃されました。これは、「大使館に石を投げたヤツは国際法違反で悪い」というだけの薄っぺらい論理でいい。二〇〇四年五月の上海総領事館の館員自殺事件も、「中国の公権力がウィーン条約に違反するアプローチを仕掛けてきた」という薄っぺらい論理でいい。そこに歴史問題などを絡めると複雑になりすぎるんです。だから、薄っぺらい論理で土俵を制限し、勝てる状況を作って対応すればいいのに、日本外交は何もしない。上海の総領事館員が中国当局から脅迫されて自殺したなら官邸に報告して然《しか》るべきなのに、それもしない。中国と事を構えるのがイヤだからです。ネガティブなことで中国と外交交渉をしたくない。仕事と私生活の双方で中国に対する「借り」が大きくなっているからでしょう。弱みを握られているヤツが外務省幹部にいるんでしょうね。

手嶋　そもそも日本の安全保障体制は、二つの有事を想定しています。朝鮮半島の有事と台湾海峡の有事ですね。しかしながら、中国政府は、台湾問題に日本が関与することを認めようとしません。台湾は中国と密接不可分な領土であり、日本はポツダム宣言で台湾の領有権を放棄したはずだ、と。したがって日米安保体制の想定する「極東」の範囲に台湾を含めることに一貫して反対してきました。そして、この中国側の見解に寄り添った姿勢を取ってきたのが、日本外務省の「チャイナ・スクール」と呼ばれる人たちです。実際、日米ガイドラインの見直しが国会で議論されたとき、この日本外務省が抱える矛盾をはしなくも露呈させてしまいました。詳しい経緯は省きますが、極東の範囲をめぐる答弁で、将来の有力な次官候補だった高野《たかの》紀元《としゆき》北米局長の首が飛ぶ事態となりました。

佐藤　あれだって、当時の竹内行夫条約局長が煽ったわけですから。高野さんはそのツケを払わされた。

手嶋　竹内条約局長も当事者の一人でした。安全保障という大事な問題ですら、中国に毅《き》然《ぜん》とした対応を取れないのですから、上海の総領事館のような機微に触れる案件ではなおさらなのでしょう。

佐藤　もっと根本的な問題は、いまの外交官たちの論理能力が弱くなっていることでしょう。理詰めで物事を詰めていくことができなくなっているんです。

手嶋　現在の中国の対応にも大きな問題がある。日本の総理が靖国神社に参拝しなければ首脳会談に応じてもいい、と中国はいう。「日中首脳会談」の「値段」など、さほど高くはない。「日本国首相の靖国参拝」の「値段」は、小泉さんの頑なともいえる姿勢によって、ほとんど天井まで高騰しました。中国側の要求に応じるなら、首脳会談などではなく、たとえば日本の安保理常任理事国入りくらいでなければいけない。中国の対応は、首相の靖国神社参拝に反対し、やや中国寄りの人たちまで敵に回すことになってしまいした。現に、安倍新首相は、粘りに粘って、靖国参拝せずの条件を呑むことなく、日中首脳会談を実現させています。

靖国参拝の政治家

佐藤　おっしゃる通りです。靖国神社をめぐる論争とか、死者の魂をめぐる論争というのは、シンボルをめぐる闘争です。人間の表象能力によって、それはいくらでもエスカレートさせることができるんです。こういうものを、日中関係からできるだけ外さなければいけません。だからこれも、「薄っぺらい論理」で押し通せばいい。

どういうことかというと、日本は主権国家であり、民主主義国である。その日本で、小泉さんが総裁選その他で「靖国へ行きますよ」と公約した。その人が民主的手続きによる二度の総選挙と一度の参議院選挙によって、国民の支持を得ている。日本が民主的な主権国家だということを前提とすれば、総理大臣が公約を履行することには何の問題もない。それを変えたいならば、日本の政権を変えなくてはならない。だから、これは譲れない国民国家の原理原則ですよと、言わなければならないんです。他方、安倍さんは靖国神社参拝について何の公約もしていない。だからそもそも問題自体が存在しない。したがって、外交交渉で靖国問題を取り上げる必要はない。こういう「薄っぺらい論理」でいいんです。

たとえば北朝鮮は、金正日の誕生日に白いナマコが出てきて祝福したとか何とか宣伝しているわけですが、これに対して日本政府が「そんなバカな」と言うのは余計なお世話で、放っておくしかないでしょう。それと同じように、中国が歴史問題や靖国問題でいちゃもんをつけてきても、主権国家の日本がいちいち聞く必要はないんです。日中はお互いに相手を必要としているんだから、すでに中国の国内で「対日関係をどうするか」という競争が始まっている。その状況を今回は谷内外務事務次官が巧みに衝いて首脳会談を開くことができる環境を整えたのです。

手嶋　安倍新総理を北京に受け入れるという決断をした胡《こ》錦濤《きんとう》政権は、確かに江沢民派を抑えたように思います。

佐藤　確かにそのように見える。ただ、また揺り戻しがあるかもしれない。いずれにせよ靖国神社参拝については安倍さんが自分で判断すればいい。どちらであれ、それを支える論理を組み立てることが外交専門家の仕事です。

私個人はクリスチャンですから、靖国神社に私が信じる神様がいるとは思わない。しかし、ナショナルなことにはそれなりの思いがあるから、靖国神社に対して無礼なことはしないし、シンパシーもあります。だから私自身も定期的に靖国神社を訪れ、英霊に感謝している。

ただ、中国がA級戦犯を問題視するという理屈もわかります。一方、宗教法人である靖国神社の側に、いったん合祀《ごうし》した神様は分祀《ぶんし》できないという理屈があるのもわかる。理屈の真理はいくつもあって、それぞれ同格でしょう。その中でどうやって折り合いをつけるかは、政治家が判断することです。テクノクラート（官僚）が言うべきことは、「靖国神社に行ったらメチャクチャなことになりますよ。しかし、それでも行かれるならば、その上で対中外交を組み立てなければならないですね」ということです。そして、時の総理をお支えするために、官僚としての全能力を投入する。それだけのことです。

もう一つ、中国問題で気をつけなければいけないのは、中国側のナショナリズムや思想史に関する学術的研究のレベルが非常にお粗末だということです。とくにヨーロッパのナショナリズムなどについての基礎研究の底が浅い。自分たちのやることによって、足下の中国で何が起きるか、日本ではどうかという見通しができていないと思います。この点、日本のアカデミズムや民間には優れた知的集積がある。これを外交に生かすのもインテリジェンスの任務です。もう一つ、中国問題で参考になるのは、行き詰まったら戦線を広げるというインテリジェンスの世界の定石ですよ。たとえば中央アジアや新疆《シンチャン》ウイグル自治区を安定させるための日中協力をやるとかね。

手嶋 かつてのチェチェン問題でのラスプーチン戦略を想起させます。行き詰まった外交案件はひとまず放っておいて、思いがけない局面に布石を打つという戦略ですね。

記録を抹殺した官僚のモラル

佐藤 そうです。行き詰まったときには戦線を拡大するんです。しかし、いずれにしても、深刻なのは外務省に役者がいないことです。ズバリ問題をいえば、外務省事務方のナンバー・ツーの政務担当外務審議官の西田恒夫さんですよ。西田さんがまったく機能していない。外務審議官はすべての汚れ役となって、総理や外務大臣が活躍できる環境を作らなければいけないんです。できるじゃない、脅してでもやらせなければならない。ところで、谷内さんの悪口を酒の勢いを借りて、ジャーナリストにずっと言い続けている外務省幹部がいるんですが、その人物が言ったことが三〇分も経たないうちに、電話で私に伝わってくる。それがジャーナリストからだけでなく外務省関係者からもです。外務省のモラルの崩壊は異常ですよ。

手嶋　ディスプリンがあることは組織が機能するための不可欠の条件です。日本外交は本当に根本から立て直す必要があります。真のインテリジェンス・オフィサーも、佐藤優さんのような突然変異以外には、ほとんど出てこない。そもそも、真剣に育てる組織的な裏づけも乏しい。

佐藤　とくに対外インテリジェンスに関して、今の日本はほとんど体を成していないような状況に陥っています。外務省の構造的な問題として、多くの課長レベルの外交官は語学力が基準に達しておらず、サブスタンス（外交の実質的内容に関する知識）や交渉力も弱い状況になっている。日本の官僚機構で政策策定の要となるのは課長です。要するに、外務省の骨格自体が弱くなっているんです。

だから五〜一〇年後が、私は本当に心配です。現実的に考えれば、四〇歳未満の課長補佐以下のキャリア職員と、年齢に関係なく優れたノンキャリア職員を今から鍛えるしかないだろうと思います。

手嶋　外交官の志とモラルについては、どうしても一つ言っておかなければなりません。外交の記録だけはきちんと残しておかなければなりません。『ウルトラ・ダラー』でも書きましたが、金丸訪朝以降、小泉内閣の「平壌宣言」にいたる一連の対北朝鮮交渉の記録が残されていない。ミスターXとの折衝を含めた公的な記録がどこにも見当たらない。これだけは断じて容認できない。国益のために、そのときは公にできないケースは、たしかにあるでしょう。しかし、それに関わった当事者が公的な記録を残さないことなど許されていいわけがない。こんな事態は、スターリン統治下のソ連でもなかった事態です。

佐藤　私は『日米開戦の真実――大川周明著「米英東亜侵略史」を読み解く』（小学館）という本の中で、「国家は、必要なときは嘘をつく。だが、嘘をついたという記録だけは残しておき、いつかその嘘は国益に害がないと明らかにしなければいけない」と書きました。実は、それで外務省から脅されてるんですよ。

手嶋　一九七二年の沖縄返還の際に日米間で交わされた密約について書かれた部分ですね。沖縄の原状回復費用四〇〇万ドルを日本が肩代わりするという密約があったことを裏づける資料がアメリカ側からは出始めている。だが、日本政府は否定し続けている。

佐藤　前にもお話ししたとおり、この密約に関しては、沖縄返還協定調印（一九七一年）当時に外務省アメリカ局長だった吉野文六さんも「自分は嘘の証言をした」と語っています。だから私は「この期に及んでも外務省が嘘をつき通しているのは問題だ」と書いた。ところが、これが外務省の「検閲」を通らない。外務省には寄稿届という制度があって、事実上の検閲機能を果たしているんです。起訴休職中の外務省職員である私は、遵法主義だから全部寄稿届を提出している。すると外務省から「絶対に削除ありたい」と要請のファックスが来るわけです。もっとも、私は「これは正当な根拠がないので無視する。どうぞ処分なさい」と外務省に言いましたけどね。もちろん、処分したら争います。問題は、当時外相だった川口順子《よりこ》さんが「（二〇〇〇年に当時の河野洋平外相が）吉野（文六）元局長に話をされて、密約は存在しないということを確認済みでございます」（二〇〇二年七月四日の参議院外交防衛委員会）と国会答弁で嘘をついたことです。元アメリカ局長が証言したにもかかわらず、外務省が調べもしない、この不作為です。こういう積み重ねは国益を損すると思う。だからこの問題については、事実を明らかにする以外の道はない。

　インテリジェンスの世界は情報を外に漏らさないのが原則ですが、しかし自分がやっていることについて、仮に現時点では嘘をついたとしても、後世に対しては絶対に嘘をついてはならない。そのためには記録を残しておかなければいけない。それが、国家や歴史に対する責任なんです。ところが今は、記録なしのメチャクチャな外交が行われている。手嶋さんはそれに危機感を抱いて小説の中で描いたのでしょうが、これは外務省の心ある人たちの声の反映でもありますね。

手嶋　重要な交渉の経緯を記録に残さないのは、歴史への背徳です。日本の納税者に、何と釈明するのでしょう。外交官が記録を書き残し、後にヒストリアンに歴史を紡いでもらうために税負担に耐えているのですから。いくら報償費を使おうが、どれだけ高いワインを飲もうがかまわない、とすら思います。外交記録だけをきちんと残してくれるなら。

佐藤　それは、官僚の義務というかルールの大変更になってしまいますからね。それに、重要な事実を書かないような組織は、次の段階で必ず嘘の報告書を作ります。それで国民に嘘の歴史を残すことになったら、これは大変なことになる。いま外務省のモラルはそこまで落ちかけているんです。

手嶋　太平洋戦争の末期、ヤルタ会談の密約、つまりソ連の対日参戦という重大情報を、当時スウェーデンのストックホルムに駐在していた小《お》野寺《のでら》信《まこと》少将が摑みました。ポーランドの亡命政府に連なるユダヤ系の情報源から入手したのです。そして小野寺武官は、この情報を百合子夫人を電信官にして日本に打電した。その詳しい経過を百合子夫人から直接うかがったことがありました。夫人は外出するときには、帯に挟んで暗号の乱数表を常に持ち歩いていたそうです。金庫に入れておくと留守中に踏み込まれるおそれがあったからです。ヤルタ密約の極東条項も、その乱数表を使って打電した。ところが、その極秘情報を受け取ったという記録が日本側のどこを探しても見当たらない。その内容があまりにも衝撃的であり、日本の将来にとって悲観すべきものであったため、誰かが握りつぶしたのでしょう。こんな愚かなことを二度と繰り返させてはいけない。

佐藤　そうですね。それと比べるとはるかにスケールの小さい話ですが、私も一九九二年の四月に「エリツィン大統領の訪日はないかもしれない」という情報をエリツィンの側近から取ったんですけど、「みんなが一生懸命準備してるのに、そんな情報は送るな」と言われて、それで大使館で止められちゃったことがあります（笑）。

自衛隊のイラク派遣は正しかったか

手嶋　そんな愚かなことを続けていては、外交官の士気にもかかわります。自らの栄達や保身を超えて本当のリスクを取る外交官が、ますます少なくなってしまう。

佐藤　たとえば前に話が出た斉藤邦彦さんなどは、イランに勤めていても決して「親イラン」にブレるような人ではありませんでした。日本の国益を大切にすると同時に、日米同盟の基幹を大切にした。そういう人だから、イランからも信用されたんですね。

私がいま心配しているのは、外務省の中堅以下の一部に一種の嫌米感情が広がりだしているのではないかということです。それがたとえばイランのアザデガン油田に過度にコミットする一つの理由になっているし、あるいはその嫌米感情の捻れが中国に対する腰砕けの姿勢に表れている。そんな感じがしてしょうがないんですね。

手嶋　「将来の日米同盟の離脱に備えよ」という、一見、勇ましい議論が交わされていることは事実です。

佐藤　そんな議論が出ること自体が私には理解できないんです。そんな空理空論は国益にはなんらプラスにならないし、東西冷戦が終わった後の唯一の超大国のアメリカと距離を置いて、どうやって国の舵取りができるのか。日米同盟が大前提としてあって、そこからすべて進むんです。日米同盟の空洞化をこのまま放っておくと、えらいことになりますよ。

手嶋　日本ではイラク戦争を契機に、世論の上でも嫌米感情が広がっているように見えます。さらにレバノンのヒズボラをイスラエルが叩いたことで、アラブに肩入れする人も増えたかもしれません。

佐藤　イスラエルとアラブの関係については、基本的には贔屓《ひいき》筋の問題だと思います。左派や市民派の人たち、それから朝日新聞は、なぜかパレスチナやアラブが好きなんです。これは石油云々という問題ではなく、詰まるところはそれが彼らの贔屓筋だということでしょう。そして私はイスラエルが好きなんです。これも贔屓筋ではありますが、ただし、そこには理屈がある。私の場合、命懸けの贔屓筋なんです。アラブの原理主義やパレスチナの極端な人たちの中から、「佐藤は日本におけるイスラエルの代弁者だ」ということで、「始末してしまったほうがいい」と言ってくる人たちが出てくるかもしれない。それはそれでかまわない。それを覚悟で贔屓しているわけです。しかしそれと同じように、アラブを贔屓筋にしている人たちは、イスラエルにやられても文句は言えないですよという話です。たとえばアルカイダ、ハマス、ヒズボラのテロリストを支援するような運動をやった場合、これはイスラエルにとって国家存亡の問題ですから、その人は消されても文句は言えない。それくらいの覚悟が求められる贔屓筋の話だと思います。

さらに乱暴な話をすれば、仮にイスラエルという国家が中東からなくなってしまった場合、あの地域におけるゲームのルールが大きく変わります。サダム・フセインやシリアのバッシャール・アサドみたいな指導者が闊歩《かっぽ》するようになるか、あるいはオサマ・ビンラディンが目指すイスラム・カリフ帝国のような動きが強くなるかわかりませんが、いずれにしてもそれは日本にとって得ではないと私は考えます。だから日米同盟を組んでいる立場からも、日本の国益からしても、アメリカがサダム・フセインを叩き潰すのを支持するという政治判断でいいと思うんです。

ただし、自衛隊の派兵には反対。なぜなら、日本がキリスト教国ではないからです。たとえば現在、サウジアラビア王国がある領域は、もともとハッシム家が支配していましたが、途中からサウード家が入ってきて支配するようになりました。サウード家というのは、イスラムの三大聖地のうち、エルサレムを除くメッカとメディナの二カ所を守る立場にあります。ところが、そこにアメリカ軍が駐留している。しかし、そこには経典に依拠した理屈があります。コーランに従えば、傭兵《ようへい》としてキリスト教徒とユダヤ教徒は使うことができるんです。

しかし日本からイスラームの地に自衛隊を派遣した場合、この理屈は通用しません。異教徒が武器を持って入ることを、彼らは受け入れられるのか。客人として建設のために来るのはかまわないけれど、軍隊として駐留するのを認められるのか。それを教養の面できちんと解決しないかぎり自衛隊は出せないということを、アメリカやイギリスに伝えなければいけない。

日本がイラクに本格的に参戦するのは、イスラエルがイラクに派兵するのと同じぐらいの宗教的な意味合いがあると私は思っているんです。イスラエルはアメリカの同盟国ですが、湾岸戦争には出兵しませんでしたよね。イスラエルが出兵したいと言っても、アメリカは断るでしょう。大宗教戦争になってしまうからです。しかもイスラエルの出兵を誰よりも喜ぶのは、オサマ・ビンラディンであり、サダム・フセインです。だから誰もイスラエルに派兵を望まないわけで、日本も構造的には同じです。そのあたりの認識が非常に甘いんです。今回のサマーワでは、たまたま運よく事故が起きなかっただけなんです。

「二つの椅子」に同時に座ることはできない

手嶋　第一次湾岸戦争のとき、サウジアラビアの聖地に米軍が大挙して入っていきました。ベールをしていないアメリカ軍の女性兵士の姿も見られた。ブッシュ大統領に同行してリヤドの前線司令部に行ったときに、そういう光景を目の当たりにしました。これが、後の九・一一事件につながる伏線になったのです。アルカイダはわれらが聖地をアメリカが踏みにじったと復讐を誓うことになった。

佐藤 その通りだと思います。そこで私は、軟弱外交だと批判されるかもしれませんが、日本は異教徒である上に、これまでイスラム諸国と衝突したことがないというアセット(財産)を、狡猾《こうかつ》に使うべきだったと思います。具体的には、たとえばヨルダンを使う。日本は王室を通じてヨルダンとは特殊な関係があるんです。ヨルダンを、原理主義者をやっつける方向に誘導する。あるいは、中央アジアとトルコ。彼らに本格的に派兵してもらって、これは基本的にイスラム世界内部の問題だから、おまえたちで整理してくれというんです。オサマ・ビンラディンたちの狙いは「西側対イスラム世界」という構造を作り上げてジハードに持ち込むことにあるわけですから、日本はそれを脱構築することを考えればいい。ヨルダンや中央アジアやトルコに具体的なメニューを提示しながらそれを進めることが、日本の基礎体力でもやれたと思います。

あるいは、イスラエルの使い方をもっと考えてもよかったのではないでしょうか。まず日本が派兵しない宗教上の理屈をイスラエルに説明して、同意を得ちゃうんですよ。その上で、イスラエルにとってのメリットを提示する。パレスチナに関しては日本が一番金を出しているので、そこのところでイスラエルと話をするわけです。アラファト（故人）はもともとテロでパレスチナ独立を獲得しようとしたが、途中でそれは非現実的と考え平和路線に転じた。しかし、人生の最後の時点で、アラファトがテロリストとしての本性を剝《む》き出しにしたことで、もう今までの和平プロセスは通用しなくなっている。ならばアラファト死後は日本がどの勢力を支援すればパレスチナ安定に寄与できるかということを、イスラエル側と素直に相談すればいい。どうせ、マハムード・アッバス・パレスチナ自治政府議長兼PLO議長しかいないんです。それで、日本はアッバス派をサポートする形で中東地域の安定に協力するから、ここはひとつ、日本が派兵できないことをイスラエルのほうからもアメリカに言ってくれ、われわれは宗教戦争にしたくない、と頼むわけです。これをやったら、まったく違った局面になったと思いますよ。

手嶋　結局、今回のイラク戦争で、日本は「昨日の戦争」を戦ってしまいました。第一次湾岸戦争のとき、日本は国際社会から「血も汗も流さないのか」と批判された。今回はそれを挽回《ばんかい》しようとして、アメリカの行動を真っ先かけて支持した。しかし第一次湾岸戦争のときは、イラクが主権国家たるクウェートを侵略したという明白な行為があった。クウェートの主権を回復するという大義がありました。むしろあのときこそ、クウェートに自衛隊を出すという選択肢がありえたのかもしれない。

佐藤 それは非常に意味があると思います。一九九一年の湾岸戦争では、もっと別の貢献の仕方があったはずなんです。なぜならあの時点ではイスラム・ファクターが現在よりもずっと低かったからです。あんな、サラ金のキャッシュ・ディスペンサーのようなやり方はするべきではなかった。しかし今回は、血や汗を流さなくても、知恵による貢献ができたと思います。

手嶋 日本がアメリカと安全保障同盟を結んでいる以上、当のアメリカが最重要の決断を下したときに、同盟国日本がこれを支持せず、後ろ姿を見せることができるかどうか――。まさに同盟の存続にかかわる本質的な問題です。悩みに悩みぬくのですが、やはり日米同盟の立場からいって、そこは支持せざるを得なかっただろうと考えます。その決断が苦しいからといって、安易に国連の決議に逃げ込んでそれを拠りどころにしてはいけないのです。もっとも政治家らしい説明だと思って聞いたのは、麻生外務大臣の言葉でした。「なぜ日本はアメリカの力の行使を支持するのか」と問われて、麻生さんは「国連がヤンキー・スタジアムだとすれば、米軍は松井を擁するメジャー最強のヤンキースだ。ヤンキー・スタジアムとヤンキースのどちらを同盟の相手として選ぶかと言われれば、迷わずヤンキースそのものだ」と言った。これはなかなか核心を衝いた説明です。少なくとも、外務省条約局の課長補佐クラスが書いた過去の国連決議からアメリカ支持の論理に助けを求めるようなことはしていない。

佐藤　麻生さんの言説が日本にとってもっとも失うものが少ないシナリオですよ。

手嶋　同盟とは苛烈なものです。有事に同盟の相手に後ろ姿を見せてしまえば、安全保障の盟約は、そこでたちまち死を迎えてしまう。日本はアメリカを支持せざるを得なかったと思います。ただしアメリカが力の行使をするにあたっては、その最終的な意志決定に共同参画する仕組みを持っていなければいけません。それがなければ、日本国内に「わが国はアメリカの五一番目の州なのか」というような不健全なナショナリズムを生むことになる。日本の政治指導者は、アメリカの意志決定になんとしても影響力を確保しなければなりません。

佐藤　それはよくわかります。日米軍事同盟なんですから、意志決定に参画するのは当然でしょう。その上で、最大の貢献をする。しかし軍事同盟国として戦争に参加する以上、日本もアルカイダやサダム・フセインのイラクに攻撃されるのを覚悟しなければいけない。それは、ある意味で本望なんですよ。あんな連中と価値観を一緒にしていないんですから。

いずれにしろ、「二つの椅子に同時に座ることはできない」。これはロシアの諺《ことわざ》ですが、まったくその通りなんです。そして、ここはアメリカの椅子に座るしかないという基本路線さえ明確にしておけば、アメリカとはいかような取引もありえたと思うんです。ところが現実には、どっちの椅子に座っているのかはっきりしない。アメリカを支持する一方で、アラブ諸国にもいい顔をしたがるわけです。そうやって二つの椅子に座っているようなフリをしながら、結局はイラクに軍隊を出してしまった。ところがその軍隊の出し方もどっちつかずで、非戦闘地域にしか派遣しないという。じゃあ非戦闘地域とはどこかと聞けば、自衛隊が派遣されるところだと首相が答弁する。自衛隊はどこに行くかというと、非戦闘地域に行く。こんなトートロジーを認めちゃダメなんです。そうやって完全に論理が破綻したまま、その場の神経反応的な賭場の感覚で日本はイラク戦争に対応してしまった。政治家には、そういう面があってもいいかもしれません。しかし外務官僚の支え方はちょっと弱かったように思います。

第四章　ニッポン・インテリジェンス大国への道

情報評価スタッフ——情報機関の要

手嶋　先日、危機管理のシンポジウムに招かれた折、国土交通省の航空管制の専門家が「日本の航空機のセキュリティ・チェックのシステムは、いまのところ適確に機能している。テロ対策はかなり進んでいる」と発言しているのを聞いて愕然としました。英国で大がかりなテロが未然に摘発され、英国などのテロ対策先進国を狙うのは効率が悪いとなれば、国際テロ組織は「次なる標的」を求めることになるでしょう。日本は英国と肩を並べるほど、明確な形でアメリカのイラク戦争を支持しました。しかも経済大国ですから、相手に不足はない。テロリストに狙われないと考えるほうがおかしい。実際に、イスラム過激派組織の人間が日本海側の都市に出没していたという情報が確認されています。

佐藤　間違いなく、英国の例などを参考にしながら対策を講じるべきときに来ています。

手嶋　にもかかわらず、ことインテリジェンスに関しては、彼我の差はあまりにも大きいといわざるを得ない。カウンター・インテリジェンス組織のあり方ひとつをとってもそれは明白です。英国には、対外情報機関であるＳＩＳ、対内情報機関であるＭＩ５、電波傍受を行う政府通信本部のほか、国防省にもインテリジェンス組織がある。さらに重要なのは、これら四つの組織を統括する組織が設けられていることでしょう。四つの情報組織のトップ、それに外務・連邦省、国防省、内務省、警察の次官級の高官で構成されるJIC・合同情報委員会がそれです。

官僚機構の常として、各情報機関はタコツボに入って、競合する組織に貴重な情報を回したがらないのは、洋の東西を問いません。命懸けで手に入れた成果を簡単には人に渡したくない。これはある意味で当然でしょう。だからこそ、政府機関に滞留する情報を吸引する装置が必要になる。英国では、JICが全ての情報機関を束ねて情報を吸い上げている。だからこそ「まもなく大規模な航空機テロが起きる」といった最終的な評価報告書を首相に提出し、決断を促すことができたわけです。インテリジェンスは「国家の舵取りを担う政治指導者の決断に資するための有益な情報」なのですから、JICの役割がいかに重要であるか、おわかりいただけましょう。

そして、このJICのいわば心臓部で働くのが「評価スタッフ」と呼ばれる人たちです。彼らが、玉石混淆《こんこう》の、しかも、夥しい数にのぼるインテリジェンス報告の中から、首相に報告すべきバリューを持った宝石を選《え》り分け、報告書の筆を執るのです。老インテリジェンス大国イギリスのことですから、さぞや多くの評価スタッフを抱えているとお考えでしょう。実際はほんの二〇人から四〇人ほど。まさしく、優れた組織はすべからく少数精鋭主義なのです。

佐藤 ただし、彼らは関係省庁などから選りすぐられたメンバーで、明日からでも一流大学で講座が持てるようなレベルの人たちですよね。

手嶋 まさにそうした少数の、しかも気鋭の人材です。しかも、彼らは各省庁のインテリジェンスへのアクセス権を保証されている。ここがすべての核心です。わが国にも、英国を真似て内閣に「合同情報会議」なるものが設置されています。しかし、肝心の「評価スタッフ」に相当する組織をまったく欠いています。やはり、そこは、ラスプーチンに匹敵するような「インテリジェンス・オフィサー」を置いて、総理に上げるべきインテリジェンスを扱わせるべきなのです。彼らが、総理や官房長官に代わって、情報の真贋《しんがん》を見分け、裏を取る作業を担うことになります。

ただ、インテリジェンスの世界では、一〇〇パーセント確かというものなど存在しない。最終的には、政治指導者がリスクを担って判断するしかない。そうでなければ、第二章で触れたような七通のモスクワ発緊急電のように、その時点ではいくら貴重な情報も、日本外交の舵取りには一向に役に立たないということになってしまう。線香花火では困るのです。

イスラエルで生まれた「悪魔の弁護人」

佐藤　そうですね。さらに言うなら、たとえばアンドロポフ死去をいち早く摑んでも、後で「日本は最初に知っていた」というだけでは、何の意味もないんです。それを知った瞬間に、「こんな情報があるぞ」と各国に流して、アンドロポフ後に備えて自分たちに何ができるのかを考えなければいけない。いち早く知ったことで得た時間は、その善後策を仕掛けるために使わなければいけないのに、当時はそれができなかった。それも、情報を吸い上げる評価オフィサーがいなかったせいかもしれません。ただ、その仕事は適性からいって私ではないんです。これは手嶋さんや東郷さんのような人が適任だと思う。むしろ私は、もう一つ別な仕事をやりたいと思っています。それは、「悪魔の弁護人」です。これはイスラエルにある独特の制度で、一九七三年の第四次中東戦争をきっかけに生まれたものです。

当時のイスラエルは人口が五〇〇万人程度で、一〇〇万人いたアラブ人を除くと四〇〇万しかいない。そのためアラブ諸国は、いかにもイスラエルに攻め込むような雰囲気を出すんですよ。するとイスラエルは国家総動員体制になって、経済が停滞してしまう。それを何回かやられたら、経済はガタガタになっちゃうんですよ。だからイスラエルの分析専門家にとって一番の課題は、敵が本当に攻めてくるのか否かを見極めることだったんです。

もっとも、一九六七年の六日戦争（第三次中東戦争）でイスラエルはアラブ諸国をコテンパンにやっつけていましたから、そう簡単には攻めてこないだろうとは思われていました。ところが一九七三年の一〇月六日は、どうも様子がおかしかった。その日は、ユダヤ教で年に一度のヨム・キプル（贖罪日）という重要な祭日だったんですね。ユダヤ教の最大の休日で、その日は信号機も動かないし、空港も全部閉鎖になる。新聞も出ない。エレベーターは全て各階止まりになり、火は一切使ってはいけない。そんな日に攻撃を仕掛けたら、大宗教戦争に発展するのは間違いありません。それはアラブ側も十分に承知しています。

ところがアラブ諸国の軍隊が、イスラエルとの国境に集まってきた。当然、イスラエルの政府機関は情報を分析しました。その結果、モサドだけが「入ってくる」と判断したんですね。ヨーロッパで一〇〇を超える確定的な兆候を得たんです。モサドの長官は、その報告を首相に上げました。ところがゴルダ・メイヤという女性首相は、アマン（軍事情報部）が上げてきた「入ってこない」という報告のほうを採用して、総動員体制を取らなかったんです。しかし実際にはモサドの報告どおり、アラブ連合軍が国境を越えて攻めてきました。対応の遅れたイスラエル軍は緒戦で大打撃を受けてしまったわけです。

結果的にはアラブ連合軍を追い出すことができましたが、国家を存亡の危機に陥れてしまった責任を取って、ゴルダ・メイヤ首相は辞任。戦争に勝ったにもかかわらず首相が辞任するというのは、世界の戦史上でも非常に稀《まれ》なケースです。そしてイスラエルはこの苦い経験から、まったく新しい役職を作りました。それが「悪魔の弁護人」です。中世の魔女裁判では魔女の弁護を担当する人がいたそうで、そこからヒントを得て作られました。その役割は、首相に提出されたレポートに対して、どんなことでもいいから「これではダメだ」と難癖をつけること。アマンをリタイヤした「軍事情報の神様」と呼ばれるようなスタッフが三人か四人しかいない少人数の部屋なんですが、彼らはありとあらゆる情報にアクセスすることができるんです。

この「悪魔の弁護人」制度が始まって以降、イスラエルの首相は大変なんですよ。「これしかありえません」という答申を受けても、必ず「その答申を採用したら失敗しますよ」という紙が来る。そうやって、首相に考えさせるんですね。

インテリジェンスの武器で臨んだ台湾海峡危機

手嶋　ラスプーチンが「悪魔の弁護人」を務めれば、対外的にはかなりの重石《おもし》になるでしょうね。ただし、ラスプーチンのような「悪魔の弁護人」の評価を無視して、決断できる政治家が果たしているかどうか。

インテリジェンスは常に「錯誤の連続」です。

僕は、いま紹介のあった第四次中東戦争のケースとは対極にあるような成功例をリーダー自身の口から直接聞いたことがあります。

それは、一九九六年の台湾海峡危機のときのことでした。このとき、中国は台湾島をすっぽりと射程に入れるような形で四発のミサイルを発射しました。もちろん台湾側も大規模な備えに入り、米国のクリントン大統領は原子力空母ニミッツを含めた二個の空母機動部隊を台湾海峡周辺に送り込んだ。しかし、当時、台湾の総統だった李登輝《りとうき》は、中国が放ったミサイルが空砲であるということを知っていたのです。したがって、全ての采配は空砲だというインテリジェンスを前提に行われ、中国側の脅しに屈することはなかったといいます。その一方で、台湾の軍当局が羽音に驚いて軽率な軍事行動を取るようなこともさせなかった。

では、なぜ李登輝がそうした一級の情報を得ていたのか。李登輝はあらゆるインテリジェンスを総合して最終的に判断を下す能力を持っていたのですが、その中に中国の最高指導部にアクセスできる重要な情報源を抱えていたのです。電話や電報の傍受もしていました。共産党中央政治局の最高度の書類を見ることのできる情報源、つまり極秘の工作員を抱えていたのです。とりわけ、それぐらい決定的な情報源を手にしていなければ、あれほど果断な決断はなしえなかったでしょう。中国の撃つミサイルに実弾は込められておらず、中国には台湾を侵攻する意図がないと断じて、沈着に行動したのですから。

しかし、これはまさに命懸けの仕事でした。というのも、それから三年後に、その情報をもたらした工作員は、中国の公安当局の手で処刑されてしまいました。中国は中国で、「李登輝はなぜ空砲だと知っていたのか」と疑問を抱き、政治局の周辺にいた「モグラ」の摘発に全力を挙げたのでした。それを探るために、命懸けであらゆるトラップを仕掛けたに違いありません。そして、ついに見つけ出し処刑した。

おそらく李登輝は、その情報源を歴史に刻むため、事件のさわりを私に認めたのでしょう。情報界の無名戦士のお陰で、台湾海峡の波は静まった、という思いがあったはずです。それを彼の墓碑銘に刻みたかったのかもしれません。それほどインテリジェンスは国家の命運を左右するものなのです。だが、李登輝にしても、インテリジェンスの一部を公にしたことで、情報源を危険にさらすことになりました。インテリジェンスとは、そうした猛毒を内に孕《はら》んでいるのです。

ただし、ここで銘記すべきは、いかに優れたインテリジェンスであっても、優れた政治リーダーが使いこなしてはじめて価値があるということです。リーダーは、インテリジェンスの判断をひとたび誤れば、全ての責任は自らが負うという覚悟がなければなりません。そういう政治指導者がいなければ、インテリジェンス機関などどんなにたくさんつくっても国家の舵取りに生かすことはできません。

ところが日本では本当に残念な出来事が起きています。シャドウ・キャビネットのプライムミニスターともあろう人が、他愛もない「ガセメール」に引っかかってしまった。ライブドア前社長が自民党幹事長の次男に三〇〇〇万円の振込を指示したとされた、架空の社内メールです。怪しげなルートからそれを持ち込んだ民主党の議員に、徹底した検証を命じることなく、それを与党攻撃の材料に使ってしまった。安易に本物と信じてしまった党首の政治責任はきわめて重いといわざるを得ない。しかも彼は安全保障や外交の専門家といわれていました。恐ろしいことにいまもインテリジェンスの問題について積極的に発言しています。敗軍の将は兵を語らず、といいます。

佐藤 こんな言い方をしては前原誠司前民主党代表に申し訳ないですが、カラオケ屋さんで音痴の人が自分の音がズレていることに気づかないままマイクを握っているようなものですね。あのミスは実に決定的なもので、もはやインテリジェンスの世界に入ることは許されない。あのガセメール事件は、彼が入場券を失った事件だと思います。

手嶋 政治生命を失ったという事態にならなければいいのですが。

佐藤 少なくとも、もう二度とインテリジェンスや安全保障には触らないほうがいい。これは資質の問題なので訓練しても直りません。

インテリジェンスを阻害する「省益」の壁

手嶋 しかし、問題を抱えているのは政治家だけではありません。情報官僚もまた、政治家に質の良い情報を提供できずにいます。なかでも致命的なのは、合同情報会議の機能不全です。会議のメンバーが、ほかの情報組織、たとえば、警察の警備・公安情報や外務省に滞留しているインテリジェンスにアクセスしようとしても、「省益」の壁に阻まれてかなわない。戦後では唯一、外務省のラスプーチンだけがこの壁を乗り越えて、政府内の質の高いインテリジェンスを吸い上げ、対ロ外交に活用した。しかし、これは例外中の例外でした。そして、ラスプーチンも、やがてその代償を支払わなければなりませんでした。省内外から猛烈な攻撃にさらされ、国家の罠《わな》に落ちていった。

佐藤　気の毒な人ですね（笑）。その気の毒な外交官から、「省益」に関する実体験を披露しておきましょうか。外務省に海外の大使館などから送られてくる電報には、ランクがあります。たとえば「極秘」にも二種類あって、「限定配布」と記されたものは国家機密に近いもの、それ以外はいわば「並みの極秘」です。その下のランクが「秘」で、さらに「取扱注意」、最後に何も注意書きがない「平《ヒラ》」と続く。

私が入省した当時、これらをもとにした「国際情勢日報」を、毎日、内閣情報調査室に渡すことになりました。しかし「極秘」情報はもとより「秘」の情報も提供しません。とはいえ、新聞で報道されているような内容を渡すだけではさすがにまずい。そこで、「取扱注意」ぐらいのランクの電報の中から「いかにもすごい情報です」というような情報を切り抜いて、紙に貼ってもっともらしい調書にして、毎日外務省に書類を取りにくる内調のアルバイトさんに手渡していました。これが、当時の外務省情報調査局情報課の研修生であった私の仕事だったんです。

手嶋 では、私も笑えないエピソードを一つ紹介しましょう。さる有力政治家が官房長官を務めていたときのことです。聞けば、議員宿舎に、官邸や外務省から毎朝、カタカタと音をたてて「㊙の情報」がファックスで送信されてくる。政治家は意外と真面目なのです。はじめは朝早く起きてすべてに目を通していた。だが、本当に価値のある情報なのか、どうも疑わしい。そこで私にひとつチェックしてもらいたいということになりました。一読して、私は「官房長官、これは塵芥《ちりあくた》の類《たぐい》です。こんなものをお読みになる時間があるのでしたら、有事に備えて十分な睡眠をお取りになったほうがいい」とお答えしました。常にプロが選び抜いた良質なインテリジェンスを手にすることができる英国の首脳との差は、このとおり歴然としています。とはいえ、組織を改変したり、新設したりしても、こうした現状を打破することはできません。この国にインテリジェンス革命を起こさなければ、現状は改まらない。

佐藤 おっしゃる通り。インテリジェンスは文化ですからね。日本では「合同情報会議ができました。各省から一線級を派遣しなさい」といくら尻を叩いても、エースは省内に温存するでしょう。そういう現状を無視した器のみの議論には意味がありません。

インテリジェンス機関の創設より人材育成を

手嶋　ところが安倍新政権では、インテリジェンスの器を整える議論が先行しているように思います。安倍新総理は外交・安全保障に関して二つの大きな提案をしています。その一つは総理官邸の外交機能を強化するための「日本版のNSC」、つまりアメリカのホワイトハウスと同じような国家安全保障会議を創設する。もう一つが、いわゆる「晋三版CIA構想」と呼ばれるものです。これが新しい対外情報機関として想定されています。いまは対外情報の専門機関が存在しないので、ないよりはあったほうがいいのでしょうが、器をつくっても十全に機能しなければ意味がない。

佐藤　そうですね。しかも、いったんつくったものが失敗すると、次に立ち上げるのは難しくなるので、慎重に考えなければいけません。そもそもインテリジェンスの世界では、組織よりも人なんです。人材を育てるのが先で、組織をつくるのは最終段階。まず器をつくって、そこに自分たちをはめ込もうというのは、典型的な官僚の発想です。それは同時に、インテリジェンスからもっとも遠い発想でもある。いま新しい情報機関をつくることになったら、日本の最悪の面が出てきますよ。警視庁と外務省の綱引きになる。そこに公安調査庁を持つ法務省も割り込んで、三《み》つ巴《どもえ》の縄張り争いが始まるのは間違いありません。

手嶋　すでに、その情報機関をイギリス型にしようといった声も聞こえてきますが、イギリスのＳＩＳは機構上外務省に属しています。その場合は日本でも外務省の統制下に置かれることになります。

佐藤　だから、霞が関周辺で「イギリス型で」という声を聞いたら、その時点で「ああ、外務省の息がかかった人ね」とわかるから、僕はもうその先は聞きたくないんですよ。ある意味で外務省のロビー活動がうまくいっているという証左かもしれませんが、要は外務省のアンブレラの下に置くという結論が先にあるわけです。一方、「ＣＩＡ型で」という声を聞いたら、「ああ、警察の人ね」とわかるから、その先は聞く必要がない。現在の内調を強化して、警察直結の組織をつくるという発想なんです。話の入口を聞けば、誰の利害を代表して物を言ってるかわかってしまう。こういう組織文化があるかぎり、どうやってもこの綱引きは起きるんですよ。このスキーム（図式）をぶち壊すのは政治家にしかできないんですが、今は官僚の力が強くなっているので難しい。官僚が縄張りを守ろうとするときは、尋常ならざるエネルギーを発揮しますからね。そういうことをさせないためには、組織をつくる前にワンクッション入れたほうがいいんです。急がば回れで、まずは人材の育成から始める。国際スタンダードの本格的なインテリジェンス能力を備えた人間を五年間で五〇人、インテリジェンスを理解する人間を二〇〇〜二五〇人ほど育てることが急務です。それだけのパイを作っておけば、そこから新しい組織をつくることができるでしょう。

その五年間に、器についての研究もすればいいんです。今は「イギリス型かアメリカ型か」という話になっていますが、選択肢はそれだけではありません。イギリス型とアメリカ型の中間に位置する「イスラエル型」も面白いパターンだと思います。たとえばアメリカ型を採用しているロシアのSVR（ロシア連邦対外情報庁）はロシア外務省の電報を読むことができませんが、イスラエルのモサドの連中はイスラエル外務省の電報を全て読むことができる。しかしモサドは、イギリスの情報機関ほど独立性が高くありません。つまりイギリスほどエリート主義ではないということです。現在の世界を見渡すと、英連邦諸国以外の国はほとんどがアメリカ型の情報機関を持っていますが、先入観にとらわれずに、あちこちのスタイルを比較検討してみるべきだと思いますね。

インテリジェンスの底力

手嶋　しかし、どんなタイプの情報機関をつくるにしろ、まずは人を育てるところから始めなければならない。先ほど、インテリジェンスを理解する人間を五年間で二〇〇〜二五〇人ほど育てるという話がありました。どんな教育がもっとも効果的なのでしょう。

佐藤　まずは学術的な基礎体力をつけないといけません。学術的な研究と現実のインテリジェンスをつなぐことのできる専門家を育てる必要がある。たとえばネオコンの重要性について、非常に早い時期に指摘していた学者がいます。一九八五年に西ドイツ（当時）の社会哲学者ユルゲン・ハーバーマスが、「ドイツ連邦共和国とアメリカ合衆国における新自由主義、新保守主義の意義について」という論文を発表しているんですよ。そこでは、レーガン政権の勝利はネオコンという勢力が思想の上のみならず政治でも勝利したことを意味している、ということが書かれています。ネオコンは従来のカトリック系右派などとは基本的に違う勢力です。ネオコンは、もともと民主党支持でリベラルな思想を持っていた。しかしリベラル派が社会福祉や教育などで国家に頼りすぎたことが、アメリカ人の自己責任感覚を鈍らせ、国家を弱体化してしまったと考えています。ネオコンは左翼からの転向者なのです。さらに自然と闘って克服するというネオコンの自然観は、砂漠の民であるユダヤ人の伝統的な発想に近い。したがってネオコンは世界秩序を自分たちの基準に合わせようとする。そのため、今後は大変な緊張が起きるだろう――といってるんですね。

それに対して、たとえばドイツ連邦共和国の哲学者、アルノルト・ゲーレンの新保守主義には、自然に帰るという発想があって、ネオコンとは自然観がまったく逆だから、ドイツの新保守主義からは地域統合という内向きのベクトルが生まれてくる。しかし、そこでは自分たちのいる土地は特別な場所だという形でかつてのナチズムの影が出てくるかもしれないから、気をつけなければいけない。つまり、アメリカとドイツの二つの新保守主義はベクトルがまったく違うといっている。このハーバーマスの論文は、一九九五年に『新たなる不透明性』（松籟社）という邦訳も出版されています。

こんな具合に、社会哲学者が二〇年前に欧米双方の新保守主義的なトレンドを正確に見通していたわけで、こういう断片的なデータを収集して一つの情報を組み上げることができるのが、「インテリジェンスを理解する人間」ということです。しかもそういう人間は、その情報を面白おかしく人に説明する能力を持っている。断片的なデータをそのまま渡しても政治家はわかりませんが、インテリジェンスを理解した人間が説明すればわかるでしょう。そういう説明のできる人間を二〇〇人育てれば、インテリジェンスに漠然とした理解を示す人間が永田町と霞が関で五〇〇〇人ぐらい出てくるはずですよ。器の議論をするには、そういう環境が必要だと思いますね。

官僚の作文に踊る政治家たち

手嶋 国家の舵取りに役立つ情報を提供するのがインテリジェンスの重要な柱です。それを受け取る政治指導者の資質がきわめて重要だと繰り返し申し上げました。しかし現実は悲しいかな、インテリジェンスを政治の舵取りに役立てる機能が恐ろしく脆弱です。たとえばアメリカのブッシュ政権は、イラク戦争に際して、「サダム・フセインは大量破壊兵器を持っている」「そのイラクは、水面下でアルカイダとつながっている」というインテリジェンスを日本側に提供し、武力行使への支持を求めました。残念なことに、当時も今も日本政府は、そのアメリカ情報の真贋を独自に判断するインテリジェンスをまったくといっていいほど持ち合わせていません。

しかし現在はブッシュ大統領もCIAもDIAも、「アルカイダとイラクは関係がない」「大量破壊兵器もなかった」ということを認めている。イラク戦争の開戦当時とは、事実関係が一八〇度変わってしまった。ところが与党の責任者は、いまだに開戦前に外務省の課長補佐クラスが書き上げた国会答弁を繰り返し口にしている。なぜ、外交当局を呼んで叱責しないのでしょうか。

日本政府が、アメリカの対イラク武力行使を支持するにあたっては、第一次湾岸戦争時の国連決議にサダム・フセインが累次にわたって違反をしていることを最大の根拠として使っています。したがって国連決議を新たに取り付けることにアメリカが失敗したにもかかわらず、アメリカの武力行使は正当化しうる、という理論で構成されています。典型的な条約官僚の作文なのです。外務省条約課の首席事務官か課長補佐クラスの人たちは、仕事ですからそう書くでしょう。しかし、これが最終的な総理答弁にもなっています。だから、大量破壊兵器が見つからなくても、条約官僚はあまり痛痒《つうよう》を感じないのかもしれません。

しかしアメリカの同盟国である日本が、こんなに表層的な理屈でアメリカの力の行使に支持を与え、こと足れりとしていてはいけません。情勢がイラク戦争開始当時とは大きく異なってきている。いつまでも国連決議にしがみついていてはいけない。このあたりが、日本外交のもっとも悪いところです。条約官僚の世界では通用する。しかしながら、国際社会ではまったく通用しない。国家の舵取りに有益なインテリジェンスを誰も政治家に提供せず、使い捨てにしている。嘆かわしい現状です。

佐藤　九・一一の同時多発テロが起きた後、外務省の中で激しく議論したことがあります。

というのも、外務省がサウジアラビアあたりに送り込んでいる調査員にも問題があるんです。彼らの中には自身が原理主義的なイスラム教徒になっちゃう人がいるんです。日常的にアラブ服を着て絨毯《じゅうたん》を持ち歩いたり、一日に五回ずつ礼拝をしたりしている。そこまでは個人の趣味だからかまいませんが、問題はその先です。彼らは「アメリカと軍事同盟を結んで聖なるイスラムの地に派兵を企《たくら》む日本人などは、ぶっ殺されても何も言えない」というスタンスを表明しているんですよ。そういう人に情勢分析をしてもらっちゃダメなんです。基本的な常識さえあれば、そんな人を派遣するはずないんですけどね。

べつにイスラム教徒にならなくても、イラク情勢を分析するには基本的な中東史を知っていればいいんです。たとえばアーネスト・ゲルナーの『民族とナショナリズム』(岩波書店)という国際的にも非常に評価の高い定本を読めば、イラクが基本的に国民国家を志向していることがわかる。その国民国家という方向性ともっとも激しく衝突するのがアルカイダであり、イスラム教スンニ派のハンバリー法学派の中でも原理主義的な傾向の強いワッハーブ派であるわけで、これがサウジの国教にもなっているんです。だからサダム・フセインは、アルカイダやワッハーブ派にとって殲滅《せんめつ》すべき対象なんですね。まったくフレームとベクトルが違うから、絶対に結びつかない。それが基礎知識です。ところが日本の場合、まずナショナリズムについてまともに勉強している人間があまりにも少ない。だからイスラムやナショナリズムについての基礎的訓練ができていない国際政治専門家は、アルカイダのような異常な連中と、サダム・フセインのような異常な指導者は、絶対に裏でつながってるに違いないと思っちゃうんですよ。

だから、それを崩すのに本当に苦労しました。そこで僕が外務省の同僚に言ったのは、まずコーランを読めということです。岩波文庫三冊だから、二週間あれば読めるんですよ。先ほど言ったゲルナーの『民族とナショナリズム』も五日で読める。それからもう一つ、イスラムの現代の政治について書かれたオックスフォード大学出版局から出ている『イスラム・真っすぐな道』(John L. Esposito, Islam : The Straight Path)という定本も含めた三冊を読んでこいと言ったわけです。

もちろん、どの本を読むべきかということもかなりの基礎知識がないとわからないんですが、なぜ私がそういうことを知っていたかというと、東京大学で教えていたときに、イスラムに詳しい学者ともざっくばらんに話をする機会があったからです。そういう交流の中で仕入れた知識が、いざというとき役に立つんです。ですから私は、インテリジェンスの専門家を育成する作業は、シンクタンクではなく大学で行うべきだと考えています。年間に三億から五億程度の予算をかければ十分なことができますよ。

手嶋 そのための教育機関を政府内に創設するとなると、またいろいろな弊害が生じます。その弊を避けるために、大学で行うのは効率的な方法です。

インテリジェンス・オフィサー養成スクールは大学で

佐藤 日本の現状では、シンクタンクで修業した人間が大学に行くというベクトルはあるんですが、新進気鋭で将来が期待されてる研究者が大学からシンクタンクへ行く流れがないんです。たとえば外務省でも、素直に言いますが、人事面や健康面で問題を抱えた人間が日本国際問題研究所に出向する。その実態を「ここが最高のシンクタンクだ」というフィクションで覆い隠して、そこで教育を行うべきだという議論をしているかぎり、インテリジェンスの世界では負けるんです。格好をつけてはいられない。ですから、大学もどこでもいいというわけにはいかないでしょう。まず、理科系の学部がない大学は対象外。たとえば生物化学兵器の基礎についてレクチャーしてもらおうとなったときに、理科系の専門家をすぐに連れてくることができなければいけないからです。また、宗教のバックグラウンドがある大学も避けるべきです。国際スタンダードから見て、宗教系の大学にサポートされたインテリジェンス機関はニュートラルなものと見なされません。だから残念ながら私の母校の同志社（プロテスタント系）はダメなのです。そうやって考えていくと、東京でやるとすれば、東京大学、早稲田大学、慶應義塾大学の三つしかないんじゃないでしょうか。そこに優秀な人材を集めて、インテリジェンス・スクールをつくるんです。

手嶋　たとえば自衛隊の情報本部や調査部には、いい人材がいます。彼らを再教育すれば、かなり優秀なインテリジェンス・オフィサーを養成できるでしょう。

佐藤　彼らは志気も能力も高いですね。他にも外務省、公安調査庁、内閣情報調査室、警察庁、経済産業省、財務省などから人間を集めて、教育すればいい。そして、このインテリジェンス・スクールの校長は、私は具体的に手嶋さん以外にいないと思っています。今から始めても最初の成果が出るのは五年後なんですよ。その人材の絞り込みのためにも、国際インテリジェンスに関する知識、ジャーナリストとしての経験、それから日本政府の中のエスタブリッシュされた人から得ている信任とアカデミックな素養を持った手嶋さんを中心として、インテリジェンスの雰囲気を知ってもらうためのゆるい形のネットワークができると非常に有効だと思う。それを大学がバックアップする体制になるといい。大学としても商売になると思います。それが実現すれば、日本のインテリジェンス面での基礎体力は数年間でかなり強くなります。

手嶋 それは私の力に余りますが、そういう形で優秀な人材が中間研修を受けるのは良いことだと思います。というのも、いまの日本のジャーナリストの仕事を自嘲を込めて「焼き畑農業」と呼んでいるのです。燃え尽きるまで使ってポイなのですから。いわゆる中間研修、ミッドタームキャリアが、この世界には基本的にない。

学生が新聞社や放送局に入ってジャーナリストになると、夜討ち朝駆けで疲弊していく。充電する機会がほとんどない。ミッドタームキャリアを積むチャンスも与えられない。日本のジャーナリストは一線からのリタイアが早くて、すぐデスクになって現場を離れてしまいます。そうでもしないと燃え尽きちゃうのでしょう。それまでの蓄積を使い果たしたらおしまいです。まさに焼き畑農業たるゆえんです。「生涯一捕手」のような生き方は、日本ではなかなか定着しません。

佐藤 外務省も同じ構造です。入省時はみんな士気が高くて優秀なんですが、十五～二〇年ぐらい経つと調子が良くなくなっちゃう。原因は研修システムにあるんです。外務省に入ると二年間の研修があり、ごく一部の人には一年間の中間研修はあるんですが、基本的にはそれで終わり。要するに、大学の四年間と役所に入ってからの二年間、計六年間の学習で残り四〇年間食っていけ、ということですよね。

これでは、インテリジェンスの世界では通用しない。たとえば主要国の情報機関の中でも知的な要素をもっとも重視しているのはイスラエルですが、彼らは常に人員の三分の一を大学や政府の研修機関、あるいは諸外国の研修機関に出している。そうやって常に知識をつけていくので、イスラエルの情報機関の分析官あたりになると、大学の教員としても十分通用するぐらいのレベルになっているんです。私も現役時代、組織の命令で一つのチームを作りましたが、そのメンバーにはいろんな研修をさせたり、博士号を取らせたりした。ところが四年前のあの騒動の後、私のチームのメンバーたちがどこでどういう研修をしているのかをベラベラ喋る幹部が現れたんです。いったんそういう事実が表に出たら、もうそのメンバーたちは使えません。各国の防諜の専門家にレジスター（登録）されてしまったからです。そういう機密事項を明かしてしまう感覚を持った幹部を放置している今の外務省の文化の中では、インテリジェンスの組織をつくっていくのは相当難しいと思う。

手嶋　僕の場合は、幸いなことにアメリカでミッドタームキャリアを受けることができました。研修先の米ハーヴァード大国際問題研究所には、世界から学者ではない人間が毎年一五人前後集められていました。キッシンジャー元米国務長官が自分の人脈を世界中に張り巡らせるためにつくった研究所といわれます。僕はそこで新たな人脈を切り開くことができました。六者協議で韓国側の代表を務め、ブルーハウス・青瓦台《チョンワデ》で閣僚となった人物も、このとき寝食を共にした仲間です。ほかにも、スペインのカルロス国王の親友でもある大新聞社のオーナー、コロンビアの国防大臣、フォークランドの英総督、スリランカの閣僚など、実に多彩な人材が揃っていました。そうして培った人脈は、公的にも私的にもかけがえのない資産となっています。

佐藤 国際的なインテリジェンスの世界には一種のサロンがありますからね。たとえばイスラム原理主義のことならあいつに聞いてみればいい、核不拡散の問題だったらこいつに聞けばいい、と打てば響くようなネットワークが利害が対立する国を含めてあるんです。ところが日本では、国内にそういうネットワークがない。でも、先ほど言ったようなスクールができれば、インテリジェンスの文化はすぐに変わると思います。

手嶋 そうでしょうね。東京でも、日曜のミサに黒服を着て現れる神父が実はインテリジェンス・サークルの重鎮というケースもあります。そういう方々が日本にいたときには、できるかぎり協力をしなければ、それこそ日本の国益にマイナスになります。僕らも彼らにお世話になることもあるし、逆に国益に反しない範囲内でこちらも協力することがある。

そこでたしかな人間関係を築いておかなければなりません。が、日本は国家としてそうした努力を怠っています。

佐藤　ただし、外国で研修を受けさせる場合は、派遣先をごく一部に特定してはいけません。受け入れ国は必ず自国の情報機関の「下請け」にしようとします。同盟国でもそうした意図で研修を行うのが常識ですから、基本的には基礎から自前でつくらないといけない。ですから、新しい情報機関のコアになる人間を外国の情報機関の学校に留学させるのはもってのほか。これは絶対に禁止です。情報機関はその本性として、そういう人事をリクルートして下請けにしようとする。すると、その人間の癖からプライバシーまで全て記録されてしまうんです。コアとなるような人材に外国の機関で教育や受けさせるという発想を持った時点で、その情報機関はアウトです。

対米依存を離脱せよ

手嶋　まさに「インテリジェンスに同盟なし」です。ですから私は、安全保障分野では日米同盟の強化が必要なものの、ことインテリジェンスに関しては、米国に依存しない独自の能力を高めるべきだと考えています。やはりアメリカの同盟国である英国を見ても、インテリジェンスの面では常に米国に負けまいとして研鑽《けんさん》を積んでいます。もちろん、アメリカと対決せよと言っているわけではありません。こちらが質の高いインテリジェンスを持っていてこそ、相手からも相応のものを引き出せるのです。

しかし、現状はそうなっていない。たとえば日本は九八年の北朝鮮のテポドン打ち上げ実験を契機に独自の情報衛星開発計画を進め、〇三年に情報収集衛星を打ち上げました。このとき、米国は打ち上げ自体には同意したものの、衛星の解像度の精度については自国と同等のものを認めませんでしたね。

佐藤 衛星の打ち上げに関しては、外務省内でも賛否両論がありました。実をいうと、私自身は慎重派でした。日本が独自にスパイ衛星を持てば、アメリカに対して「われわれはあなた方の情報を信用していませんよ」というメッセージを送ることになりかねないと懸念したからです。たとえこちら側はそんな意図を持っていなかったとしても、その行動を国際社会がどう評価するかは、まったく別の問題ですからね。したがって、事は同盟の根幹にかかわるというのが、私の認識でした。アメリカよりもスペックが劣るとはいえ、衛星はおもちゃではありません。核装備に次ぐほど重い意味を持つ行為です。しかし、当時の政治指導部がそういう認識を持って判断を下していたとは、とても思えませんでした。

手嶋　現実問題として、日本がインテリジェンス能力を高めれば、米国が警戒感を強める局面もあるだろうとは思います。しかし、情報というのは等価交換が基本です。日本が国民の安全を守るためにどうしてもアメリカから情報が欲しいと思ったときに、それを引き出せるだけの実力は備えておかなければなりません。

佐藤　たしかに、インテリジェンスの面でまったく独自性を持てないようでは、国を守ることはできないでしょう。そこで私は、インテリジェンスに関する日本とアメリカの関係は、第一段階として旧ソ連と東ドイツの関係を目指すべきではないかと思っています。かつての東ドイツは、ソ連の下請け的な情報機関として、東欧諸国の中でもとくに重要な役割を果たしていました。しかし、完全な下請けではなかった。そんな彼らでも、大韓航空機事件における日本とは違って、自分たちが入手した生のデータをそのままソ連に渡すなどということは絶対になかったんです。たとえエージェントのつかんだ情報は流したとしても、エージェントの名前は伏せた。まずはアメリカとのあいだでこうした関係を築いた上で、徐々に国力に見合った情報体制を強化していけばいいと思います。

手嶋　なるほど。日本人にインテリジェンスの能力が備わっていないわけではありません。明治期には、日清、日露という戦争も経験しながら、外交・軍事面で非常に高度なインテリジェンス活動を実現していました。しかし戦後になって、安全保障を完全にアメリカに依存したことで、それが衰えてしまった。この半世紀は、それでもよかったかもしれません。しかし次の半世紀もこのままで生き抜いていけるとは思えない。少しずつ日本人の持つインテリジェンスの遺伝子を呼び覚まし、磨いていく必要があります。そのための行動をいますぐに開始すべきでしょう。

インテリジェンス・オフィサーの嫉妬と自尊心

佐藤 最近は「スパイ防止法」を作るべきだという議論もありますが、日本のインテリジェンスの強化を図るために法整備を行うならば、それよりもむしろ「インテリジェンス公務員法」といった法律を作ったほうがいいのではないでしょうか。たとえば、外国からの攻撃を招くような情報を漏洩《ろうえい》した者は死刑。不正蓄財防止のための特別条項も設置し、発覚すれば罰則として懲役十五年。毎年春と秋の健康診断ではポリグラフ（嘘発見器）検査を受ける。その代わり、数千万円単位、場合によっては億単位の工作費の管理を一任する。偽名のパスポートを作ることもできる。インテリジェンス機関の中の一定の人間に関しては、そうした機関にいること自体も秘匿できる。これらはいずれも国際スタンダードです。

手嶋　さらに、そういった仕事が世の中から尊敬されている、という環境もなければやる人はいません。能力と意欲のある人間を、どうやってインテリジェンスの世界に取り込むか。それを考えるときでしょう。

佐藤　情報関係の世界には、実は嫉妬深い人が多いんです。独特の捻れた自尊心があって、みんなからの拍手喝采を望むタイプの人は、たぶんインテリジェンスの世界に入らないんです。そういう人は、別の世界での成功を目指す。しかし、ならばインテリジェンスの世界に来る人たちが滅私奉公を受け入れ、それこそ陸軍中野学校――諜報や防諜、宣伝など秘密戦に関する教育や訓練を目的とした旧日本陸軍の学校のことですが、そこで「石炭殻のように」といわれたように、誰の評価も受けずに燃え尽きたら捨てられてもいいと思っているかというと、そんなことはない。彼らにも認知欲はあるんです。ただし、その認知してもらう相手が非常に限られる。国王、大統領、首相といった国家のトップや、所属している情報機関の長に認められたいという欲求が強い。あるいは、敵対している組織も含めたインテリジェンス業界の中で、真のプロフェッショナルたちに「あいつは大したもんだ」と言われたい。

手嶋　そもそもインテリジェンス・オフィサーの仕事には匿名性の美学みたいなものがあ

ります。世間様に知られず、ときによっては自分の妻にもその功績が知られないわけですから。どうしても報われることが少ない。

佐藤 そのせいか、インテリジェンスにたずさわる人間は離婚率が高いです。

手嶋 しかし、やはり誰にも知られないのでは満たされない。だから、ごく限られた人には認められたい。それさえあれば、仲間同士の嫉妬は乗り越えることができる。たとえばイギリス人は他の国の人たちと較べると大人で、自分の嫉妬心をコントロールする懐の深さを持っています。それでも最終的には、たとえばチャーチル首相に認知してほしい、エリザベス女王に認められたいという気持ちはある。まさに「女王陛下の情報機関」というプライドを拠りどころに仕事をしているようなところがあります。

佐藤 ですから、私利私欲を否定してはいけません。インテリジェンスは無限責任を負う仕事だから、いざというときには命を投げ出してもらわないといけない。だから当然、インテリジェンス公務員法には「敵前逃亡の禁止」という項目が入るわけです。いざオペレーションが行われて、そこに参加した以上は、組織の了承がないかぎり退却できないんです。しかし大義名分のための滅私奉公ばかり求めると、ひどく独りよがりのバランス感覚の欠けた人が集まってきたり、あるいは私利私欲を大義名分に言い換えてしまう人が出てくる。だから優れた国の情報機関は、私利私欲が満たせるような形で大義名分に近づいていくという連立方程式を組んでいる。それはある意味では、性悪説に基づいているんです。さらに、給料の問題も大事です。キャリアの国家公務員よりも高くして、国内では検察官のレベル、国外においては五年ぐらい上の年次のキャリア外交官と同等ぐらいの給料にすればいいと思います。

手嶋　インテリジェンス・オフィサーの仕事にはお金がかかりますからね。

擬装の職業を二つ持つ

佐藤　それから、インテリジェンス・オフィサーになる人間には、現地で怪しまれずに情報収集するために擬装（カヴァー）の訓練を受けさせなければいけないのですが、その際、インテリジェンスの仕事を辞めても食べていけるような専門技術を研修で身につけさせることが重要です。ジャーナリストとか、料理人とか、古書店の店主とか、職業は何でもいい。先ほど言ったように、インテリジェンス業界の人間は国家元首や情報機関のトップに認知されたいという欲求が強いので、政争や組織内の人事抗争に巻き込まれることも少なくありません。そうなったときに、組織にしがみつくしかない人間は、生き残りや復讐のためにメチャクチャなことをやるんです。しかし、別の職業で生きていける道が担保されていれば、その被害を最小限にできます。

手嶋　その技術習得のための時間とお金を、組織が出せばいい。

佐藤　私はインテリジェンスの話をするとき、スパイ映画みたいなものはあまり引き合いに出さないんですが、増村保造監督、市川雷蔵主演の『陸軍中野学校』は、当時の中野学校の連中が協力して作っているだけあって、ときにキラリと光るエピソードがあります。その映画の中で、教官が「スパイは擬装の職業を二つ持て」と教えるシーンがあります。実際、インテリジェンスの世界では「二つ持て」とよくいうんです。

たとえば私自身も、モスクワで勤務してるときに、外交官を辞めても食っていける仕事が二つあったように思います。一つは大学の教員。日本語や日本学ではなく、ドイツやスイスのプロテスタント神学をモスクワ国立大学で教えることができました。もう一つは牧師ですね。宗教儀式なら、その場でマントに着替えれば結婚式でも葬式でもできますから。そうやって二つぐらい職業を別に持っていると、仕事がやりやすいんです。

だから、たとえばロシアから来ている旧ＫＧＢの工作員にも、プロのジャーナリストとして通用する人間がいます。最低三年はジャーナリストとしての訓練を受けるわけですから、単なる擬装というレベルではない。実際、かつて忠誠を誓っていたソ連が崩壊して、こんどは新生ロシアの反共主義に忠誠を誓えと言われて「やってられるか」と辞めてしまった場合、彼らは擬装でやっていた職業を本職にしてしまうんです。

手嶋　ノーヴォスチ・ロシア通信の人もそうです。彼らは実にいい記事を書くんですよ（笑）。そういえば、リヒャルト・ゾルゲもドイツの新聞の特派員として優れた分析を記事としてものしている。佐藤さんの定義によれば、もう一つ職業を持っていたのです。ゾルゲは加えてもうひとつ、優れたジゴロでもありました。

佐藤　そうだと思いますよ。女たらしで、全ての女と関係してますもんね。今でいうなら、やり手のホストみたいなものだろうから、スパイを辞めても食っていける（笑）。

手嶋　いや、ゾルゲは孤独の影を宿したジゴロがふさわしい。実はゾルゲと恋愛関係にあったという華族の令嬢を僕は知っていますが、魅力的な男性だったと話していました。

佐藤　ああいう擬装もありうるわけです。一般に「スパイは目立たないほうがいい」と思われていますが、世間がその固定観念にとらわれている場合は、目立つスパイでもいい。「こんなに脇の甘い奴がスパイのはずがない」と思われることも擬装になります。要は擬装に一般論はないということです。

手嶋 ゾルゲは泥酔してオートバイに乗ったりもしています。ふつう、スパイはそんな慎重さに欠ける無謀な行動はしない。

佐藤 たしかに自己破壊衝動があのような行動を引き起こしたのだと思います。でも、あれはスパイとしてだらしがないわけではありません。あの事故でかえって関係者の同情を引いて情報が以前よりも入ってくるようになったのですから、結果から判断するならばやはりゾルゲは、所与の条件の中で目的合理的に動いてたんです。

生きていた小野寺信武官のDNA

手嶋 一方で、インテリジェンス・オフィサーは国家に忠誠を尽くし、自らも恥じることなく生きるという点で、品格も持ち合わせていなければなりません。かつては日本にもそういう人材がいました。たとえば明治時代には、僧侶に身をやつしてロシア情報を集めて「露探」と呼ばれた石光真清《いしみつまきよ》という逸材がいた。その一方でそういう諜報員を縦横無尽に使いこなした児玉源太郎のような大物もちゃんといた。やはりポテンシャルを持った人材を発掘して、きちんと育てることが大事ですよね。

佐藤 ソ連の対日参戦をストックホルムから打電した小野寺武官も、インテリジェンスの世界では伝説に残る人物です。実は外務省もその「遺産」をちゃんと活用していました。私が外務省に入省して見習い時代を過ごした情報調査局の審議官が、小野寺さんの息子でした。審議官というのはラインに入っていない中二階のポストだから、自由な立場で各国の情報のプロたちと会っていたんですが、「ああ、ミスター小野寺の息子さんがあなたなんですか」という形で信用してくれるので、情報が取りやすかったんです。とても残念なことに、事故で亡くなってしまいましたが。

手嶋　第一次湾岸戦争のときにも、当時シリア大使だった小野寺さんは、ダマスカスから確度の高い情報を打電なさっていました。まさにお父様のDNAを受け継いでいるように感じたものです。もちろん人間的にもたいへん信頼のできる方でした。やはりインテリジエンスというのは、そういう人物のところに吸い寄せられていく気がします。

佐藤　それから、これはもう明らかにしていい話だと思いますが、小野寺さんはオーストリア大使としてウィーンに赴任していたとき、亡命した東欧人をチェックして、ソ連情報で役に立つ人間を探していたんです。そのうちの一人がズデネク・ムリナーシュという男でした。「プラハの春」のイデオローグで、日本でも『夜寒——プラハの春の悲劇』（新地書房）という本を書いています。そこまでは、みんなが知っている話。

しかし、その先に奥の院があるんです。彼はモスクワ大学の学生時代、ゴルバチョフと寮で同室だったんです。このムリナーシュをウィーンの日本大使館で摑んでいたので、われわれは当初、ゴルバチョフの人物評価や行動様式についての情報をウィーン経由で知ったわけです。たとえば「奥さんのライーサは社会学部出身で、自ら実地調査をするような発想を持っているから、あれは単なる奥さんではなくてゴルバチョフのブレーンだと見たほうがいい」といった情報は、ムリナーシュからもたらされた。これは小野寺さんの情報感覚によってネットワークを作ったからこそ得られた成果です。そういう意味でも、小野寺DNAは日本の外交の中に生きていた。

手嶋 なるほど。僕は、小野寺武官の百合子夫人が亡くなる前に親しくさせていただいたんです。あるとき、「当時、小野寺夫妻が運用していた大本営陸軍の機密費は、どのぐらいあったのでしょうね」と伺ったら、正確にはわからないけれども、米価で換算してみると、少なくとも数十億円と言ってました。フィンランドが対ソ戦争に敗れた後、ソ連情報をたくさん持っているフィンランドの対ソ情報機関をそっくりそのまま小野寺さんが買い取ったのですが、それぐらい豊かな資金を委ねられていたのです。

佐藤 まさに先ほど手嶋さんが言ったとおり、インテリジェンス・オフィサーの仕事には金がかかる（笑）。もっとも、当時の役割の大きさを考えれば、数十億でも少ないぐらいだと思いますが。

ヒューマン・ドキュメントではない「命のビザ」の物語

手嶋　ところでフィンランドといえば、その対岸にあるバルト三国は、インテリジェンス・オフィサー佐藤優にとって、揺籃の地と呼べる場所でしたね。

佐藤　とくにエストニアは言葉もフィンランドと近い。福島の方言と宮城の方言ぐらいの違いしかない。そのエストニアでも、日本は一九二〇年代に詳細なソ連情勢の調査をしていました。外務省の秘密解除になった文書によれば、エストニア人は洋服の仕立てがうまいとか、エストニア人の料理に関する習慣とか、そんなことを細かく研究しているんです。当時は満鉄調査団が対ソ情報の研究センターとして存在していましたが、その表側とは別に、裏側からソ連をウォッチする情報センターをつくろうとしていたんです。そのために、エストニアを含めたバルト三国を徹底的に調査したわけです。

手嶋　ワシントンから世界情勢を見ていた僕らにとっても、バルト三国は注目すべき存在でした。戦後のアメリカでは、バルト三国出身の方々が非常に重要な役割を果たしていました。それゆえにソ連に併合された後も、ワシントンにはバルト三国の大使館が存続していた。もちろんソ連から兵糧は来ない。ためにアメリカが秘密資金を出して支え続けていました。

　また、いわゆる「杉原サバイバル」の存在も重要ですね。ナチス占領下のポーランドからリトアニアに逃亡し、在カウナス日本領事館領事代理だった杉原千畝《ちうね》が発給した「命のビザ」によって救われたユダヤ人が、全米各地にいる。あのモニカ・ルインスキーさんのお祖父さんも杉原サバイバルの一人で、したがって『春秋』の筆法でいうと、杉原千畝さんがいなければクリントン政権を揺るがしたモニカ・ルインスキー事件も起きなかったわけです（笑）。それはともかく、この「命のビザ」の話は感動的なヒューマン・ドキュメントとして語られることが多いのですが、インテリジェンスの面でも、杉原サバイバルをいかに日本とつないでおくかというのは重要な問題ですよね。

　それについて佐藤さんに伺いたいのですが、僕から一つだけ申し上げておきます。一九八七年のブラックマンデーのとき、ニューヨーク証券取引所のプレジデントは市場を閉鎖しましたが、シカゴの商品取引所は最後まで市場を閉じなかった。僕はシカゴの商品取引所のレオ・メラメド元会長にお話を聞いたことがあるんです。「どうして閉じなかったんですか」と聞くと、「私は自由な市場がどれほど大切であるかを骨身に染みて知っている。実は、私は杉原サバイバルなんです」と意外な答が返ってきたのです。彼は「命のビザ」のお陰でシベリア鉄道に乗り、日本の敦賀《つるが》を経由して、曲折を経ながらアメリカに渡ったわけです。そこには、自由なマーケットが広がっていた。「これはシステムの話ではなく、私の信念なのです」と言っておられましたね。

佐藤　私が杉原サバイバルを単なるヒューマン・ドキュメントとして見ることができなくなったのは、実はまだ駆け出し外交官の時代に鈴木宗男さんと行動を共にした経験があるからなんです。まず一九九一年の一〇月に、私はバルト諸国との外交関係樹立のために、青天の霹靂で鈴木宗男さんのアテンドを命じられました。

手嶋　それが二人の最初の出会いなんですか。

佐藤　その前の六月に挨拶はしていたんですが、外務省の先輩には「鈴木さんはあなたの能力に目をつけていて、表面上は和気藹々《あいあい》として声をかけてくれるけども、非常に計算して人を使う人だから、あまり近寄らないほうがいい」と助言されていました。

手嶋　ああ、今になってみれば実に含蓄のある言葉ですね（笑）。

佐藤　ところがアテンドを命じられてしまった。ただしその一方で、「鈴木さんは杉原千畝の名誉回復問題に強い関心を持っているが、この問題にはあまり踏み込むな」という秘密電報もモスクワ大使館には来ていました。それ以降の経緯は『国家の罠』（新潮社）にも書きましたが、杉原さんの名誉回復問題をリトアニアのランズベルギス大統領に提起したいという鈴木さんの意向に、私は反対だったんです。外務省から訓令を受けていたからではなく、ランズベルギスの父親が親ナチス政権時代にリトアニアの地方産業大臣を務めていたので、ユダヤ人団体との関係が悪い。それに、ランズベルギスが議長を務めていたサユジス（リトアニア独立運動）とユダヤ人の関係も良くない。だから反対したんですが、鈴木さんは「いや、ランズベルギスはソ連の全体主義体制と戦ってリトアニアに自由と民主主義をもたらした政治家だから、杉原さんのやったことの意味は理解するよ」と言うんです。そして実際、ランズベルギスは鈴木さんが聞かせた「命のビザ」の話に感銘を受けて、街の通りの名前を「杉原通り」に変えてくれたりしたわけです。

そこまでならヒューマン・ドキュメントなんですが、この話には続きがあります。鈴木さんが内閣官房副長官時代に小渕総理の訪米に同行したとき、まさに先ほど手嶋さんのお話に出てきたシカゴの商品取引所のメラメド元会長が、鈴木さんの横にくっついて離れない。で、「あなたが杉原千畝さんの名誉回復をしてくれた人なんですね。そのことを存じ上げてます」と言って、「命のビザ」の写しを見せてくれたそうです。

この話を鈴木さんから聞いて、私はピンときました。鈴木さんはそこまで計算していたのか、と。それで調べてみたら、青嵐会時代に石原慎太郎さんや中川一郎さんたちだけがアラブ・ボイコットに反対してイスラエルとの関係を維持しろと言ったとき、鈴木さんはイスラエルとの連絡係をやってるんです。当然、イスラエルのネットワークがどういうものかも知っている。だから、リトアニアで杉原千畝の名誉回復をやったのも、その先にどうなるかを全て読んだ上でのことなんです。これも一種のインテリジェンスで、政治家の中にも、そのDNAが突然変異のように入っている人がいるんですね。永田町で切った張ったをやっている人たちのインテリジェンス感覚は、決して悪くない。もう少し工夫すれば、かなり強力なものになると思います。その意味でも、インテリジェンスを理解する人材を育てることで、政治家にもその文化を浸透させたいですね。

日本には高い潜在的インテリジェンス能力がある

手嶋　しかし結局、鈴木宗男さんが取り組んだ杉原さんの復権も中途半端に終わってしまった。日本にとって非常に重要なイスラエルとの本格的な情報協力も道半ばという気がします。

佐藤 ええ。その点は、前に手嶋さんからご指摘いただいたとおり、私たちのやり方にかなり乱暴なところがあった。本当に味方にしないといけない人を味方にするために、もう少し時間をかけて本来は味方となってくれる可能性があった外務省の幹部や同僚に丁寧な説明をすることが必要だったことは否めません。

ただ、各国の例を見ても、情報機関を作る人間というのは、だいたいそういう目に遭うんですよ。モサドの初代長官、ルーヴェン・シロアにしても、アレン・ダレスCIA元長官にしても、決して評判のいい人ではありませんでしたしね。そんなわけで、情報機関作りというのは試行錯誤の連続だと思うわけです。

ですから、人材育成のインテリジェンス・スクールも一筋縄ではいかないかもしれません。でも、これはやらなければいけない。それに、かつては日本にも優れたインテリジェンス・オフィサーがいたのと同じように、インテリジェンスを教える学校もありました。

手嶋 対中国情報の東亜同文書院と、対露情報のハルピン学院ですね。

佐藤 そうです。私が外務省に入った当時、ソ連課の調査班というところにロートルの人たちがいたんですが、みんなえらくロシア語がうまいんですね。しかも、ポーランド語やセルビア語などのスラヴ語を三つも四つもいじれる人が、当たり前のようにいる。それがみんな、ハルピン学院の出身なんです。やはり戦前のソ連は日本の主敵だったわけで、だからこそロシア人の内在的論理を理解できる人材を作るために、ハルピン学院に送って勉強させたのでしょう。とくに研修のようなものはなくて、ロシア人の家に下宿してロシア語の勉強をしたり、キャバレーで女遊びをしながら実地で覚えたりしていたそうです。もっとも、ロシア語は男言葉と女言葉がはっきり分かれているので、女性と同棲して覚えてはいけないという。

手嶋　ちょっと喋っただけで、女から教わったことがわかってしまう。

佐藤　ええ。ロシア語は男言葉と女言葉がはっきり分かれているので、同棲して言葉を覚えるとすぐにバレてしまいます。で、そのハルピン学院出身の人たちが、よくわれわれ若い連中をつかまえて、「君たちな、ロシア娘と遊ぶのはいい。しかし結婚だけはやめたほうがいい」と言うんです。「それはわかってますよ。共産圏の連中はそういう人間も利用しますから」と答えると、「いや、そんなことじゃない。若いうちは大丈夫だが、四〇ぐらいになると体が合わなくなってくるんだ」と言う。そのときは意味がわからなかったんですが、やがてモスクワに赴任してしばらく経ったときに、ロシア人は週に何回ぐらいセックスするのかという話になった。すると向こうが「日本人は何回だ？」と聞くので、ちょっと見栄を張ったつもりで「相手や年齢にもよるけど、週二〜三回だろう」と答えたんです。そうしたらモスクワ大学の女子学生が「ロシアはそれでは許されない。ちゃんと愛してるなら週一六回だ」って（笑）。

手嶋　たしか、ロシアでも一週間は七日です。

佐藤　そして一日は二四時間です。しかし、この週一六回という話はその後もよく聞いたので、その女子学生だけが特別なわけじゃありません。どういう計算かというと、出勤前に一回、家に帰って一回、土日は休みだから昼間にも一回やる。それを聞いて、「なるほど、ハルピン学院の先輩たちが言っていたのはこういう意味だったのか」と納得しました。

手嶋　偉大な学校ですね（笑）。

佐藤　そのハルピン学院でロシア語を学んだ外交官の一人が、先ほど話に出た杉原千畝さんなんです。杉原さんの最初の奥さんはロシア人ですし、本人もロシア正教徒だったそうです。それぐらいロシアに通じていた。ですから、本当はモスクワに赴任するつもりだったんです。ところがビザが下りない。ハルビンでの情報収集や人脈の作り方を見て、「こいつはふつうの外交官と違う」とソ連の秘密警察に怪しまれたんでしょう。それで、周辺国であるリトアニアに行ったわけです。さらに、リトアニアという国がなくなると、次はルーマニアに行く。だから彼は終戦をルーマニアで迎えているはずです。あの国は油田があるので、第一次大戦でも第二次大戦でも、ドイツ軍はまずルーマニアを狙った。だからルーマニアは一つの情報センターになっていて、ソ連情報を収集する上では重要な場所です。つまり杉原さんという外交官は、常にロシアの周辺にいて、キナ臭い情報の世界ばかり歩いていた。外務省を去った後は、小さな貿易商社をつくって、ずっとモスクワに勤務していました。そういう不思議な人なんです。

手嶋 やはり、単なるヒューマン・ドキュメントの主人公ではなく、インテリジェンスの世界の住人だったわけですね。

佐藤 そういう人材を、当時のハルピン学院は輩出していた。ただし、その中から外交官や情報の専門家になる歩留まりはそんなに高いものではなかったでしょう。仮に四〇〇人の人間を教えていたとして、モノになるのはおそらく一〇人か二〇人です。決して効率がいいとはいえません。しかし、それぐらいの無駄は覚悟するぐらいの発想でやらなければ、杉原千畝クラスの人材を育てることはできないということでしょう。

手嶋 そうですね。そもそもインテリジェンスというもの自体が、効率のいいものではありません。この世界は錯誤の連続です。膨大に存在する玉石混淆の情報を選り分けて、ようやく国家の舵取りに役立つダイヤモンドのようなインテリジェンスが一粒か二粒見つかる。おそらく人材育成も同じでしょう。腰を据えて、じっくり取り組まなければいけません。むしろ、「とにかく情報機関の器をつくればいい」といった安易な発想ではいけません。

佐藤 新しい革袋を作る前に、そこに入るブドウ酒を用意しないといけません。ブドウ酒なしに革袋だけあってもしょうがないんですよ。じっくり五年間かけて五〇人のプロと二〇〇〜二五〇人の理解者を育てておけば、どんな器ができてもそれを機能させることができるでしょう。

手嶋 そして経済大国の日本には、それを実現するだけの潜在的なインテリジェンス能力がある。だから、日本人が絶望の歌を歌うのはまだ早い。

佐藤 そう、早いと思います。そういった世界というのは、いざ始めたら面白いんですよ。冒頭でも申し上げましたが、自分しか知らないような真実を摑むというのは、本当に面白い。ですから、手嶋校長のスクールを通じてインテリジェンスの文化が広がれば、優秀な人材がどんどん集まってくるはずです。

手嶋　佐藤さんこそ、その面白い仕事を再び手がけるためにも、そして日本という国の将来のためにも、一日も早く裁判に決着をつけて、いまいちどインテリジェンスの主戦場に戻っていただきたいと願っています。

あとがき

「ブッシュのアメリカ」は、深い河を渡りはじめようとしているのか——。北の独裁国家が核実験を行ったのを機に、超大国は中東と東アジアで二正面作戦に向けて動くのか、否か。ホワイトハウスの意図を精緻に見立てることが、われわれ外交のオブザーバーにとっては、事態を読み解く勝負どころだった。

結局、ブッシュ政権は、ふたつの戦域を隔てる深い河に近づく素振りも見せなかった。それほどに中東の戦いで深手を負っているのだろう。朝鮮半島で新たな力の行使に追い込まれるような局面には陥《おちい》るまいと決意しているかに見える。それを裏書きするように、核実験を受けて採択された安保理決議には弱い措置しか盛り込んでいない。船舶検査が発端となって、臨検がやがて海上封鎖に発展してしまい、武力で衝突することがないよう幾重にも歯止めが施されている。

そのうえでコンドリーザ・ライス国務長官は、日本、韓国、中国、ロシアに乗り込んできた。

六カ国協議のタガを締めなおして北朝鮮を誘い出し、いま一度、対話攻勢をかけようというのである。

そのライス長官が東京で「日米同盟の抑止力は万全だ」と発言した。古来、安全保障の手立てには「矛」と「盾」がある。ライス発言のエッセンスは、日米安全保障体制という「盾」にいささかの緩みもないことを強調することで、当座は戦略的な守勢をとると示唆した点にある。同時にアメリカの核の傘は同盟国日本をすっぽりと包み込んでいると念を押し、日本国内に噴出した核武装論議を暗に牽制《けんせい》したのだろう。このように「ブッシュのアメリカ」は、北東アジアの戦域で「矛」に手をかける気配も見せなかった。その一方で関係国による北朝鮮包囲の輪を少しずつ狭めて金正日体制に揺さぶりをかけ、内部から叛乱を誘おうとしている。

注意深い読者なら、ユーラシア大陸のヒューマン・ネットワークを駆使しながら朝鮮半島情勢を見ている佐藤ラスプーチンと筆者の見立てが大筋ではさして違わないことに気づくだろう。

佐藤ラスプーチンという人は、五一二日に及んだ獄中の日々を境に、真のインテリジェンス・オフィサーに変貌を遂げた。かつて大川周明もリヒャルト・ゾルゲも過ごした、あのほの暗い孤独の空間で、自己省察と読書の日々を過ごしたことで、その内面に化学変化が起きたのである。国家を背負った官製インテリジェンスに安易に依拠せず、政治家ムネオの情報吸引装置にも頼らない。こうして官僚機構ときっぱりと訣別したことによって、現下の情勢を読み解く眼にいっそう磨きがかかり、全体像を描き出す思想の跳躍力がより勁《つよ》くなった。それは、シリアに仕立てた架空のスパイが重要な情報源だと嘘をついて、メディアに現れた公開の情報だけを頼りに誰よりも精緻なインテリジェンスを紡ぎだしたイスラエルの伝説の諜報員を彷彿させる。ラスプーチンが生を享《う》けた戦後の日本には対外情報機関など存在しない。それはシリアにいたはずのエージェントが幻だったという構図とさして変わらない。

佐藤ラスプーチンは「秘密情報の九八%は公開情報を再整理することによって得られる」と認めている。加えて北朝鮮情報なら実に八〇%までもここ東京で手に入れることができるという。ならば一刻も早く「国策裁判」に決着をつけて、約束の地ＴＯＫＹＯで「ラスプーチン機関」を店開きすればいい。

「ミーシャ」と彼《か》の地の友人たちから呼ばれた若き日の佐藤優。彼が立ち向かった北方の大国ロシアとの未来を切り拓《ひら》く対北方外交の幕は、いま静かにあがろうとしている。そのときニッポンは、佐藤ラスプーチンという名のインテリジェンス・オフィサーを再び必要とするだろう。

手嶋龍一

著者略歴

手嶋龍一《てしまりゅういち》

外交ジャーナリスト・作家。NHKワシントン特派員として東西冷戦の終焉に立会い、『たそがれゆく日米同盟』『外交敗戦』（ともに新潮文庫）を執筆。これらのノンフィクション作品が注目され、ハーヴァード大学国際問題研究所に招かれる。その後、ドイツのボン支局長、ワシントン支局長を経て二〇〇五年、NHKから独立。上梓したインテリジェンス小説『ウルトラ・ダラー』（新潮社）はベストセラーに。近著に『ライオンと蜘蛛の巣』（幻冬舎）がある。

佐藤　優《さとうまさる》

日本外務省切っての情報分析プロフェッショナル。英国の陸軍語学学校でロシア語を学び、その後在ロシア日本国大使館に勤務。モスクワ国立大学哲学部で弁証法神学を講義した。二〇〇二年、背任と偽計業務妨害の容疑で逮捕され、現在起訴休職中。この逮捕劇を「国策捜査」として地検特捜部を糾弾した『国家の罠　外務省のラスプーチンと呼ばれて』（新潮社、毎日出版文化賞受賞）は、大きな波紋を呼んだ。近著に『自壊する帝国』（新潮社、新潮ドキュメント賞受賞）がある。

幻冬舎新書 12

GENTOSHA

インテリジェンス 武器なき戦争

二〇〇六年十一月三十日 第一刷発行
二〇〇七年 一 月二十日 第七刷発行

著者 手嶋龍一＋佐藤 優
発行者 見城 徹
発行所 株式会社 幻冬舎
〒一五一-〇〇五一 東京都渋谷区千駄ヶ谷四-九-七
電話 〇三-五四一一-六二一一(編集)
〇三-五四一一-六二二二(営業)
振替 〇〇一二〇-八-七六七六四三

ブックデザイン 鈴木成一デザイン室
印刷・製本所 株式会社 光邦

Printed in Japan ISBN4-344-98011-5 C0295
て-1-1
幻冬舎ホームページアドレス http://www.gentosha.co.jp/
*この本に関するご意見・ご感想をメールでお寄せいただく場合は、comment@gentosha.co.jp まで。